U0054740

靈感製造機

如何找到創新的點子？

創新先生 **陳建銘** 著

獻給

我最敬愛的父母

一路上幫助過我的貴人

推薦序一

普普藝術大師安迪‧沃荷（Anda Warhol）除了平面藝術外，也有電影方面的創作。他拍了一部名為「帝國大廈」的電影，片長8小時，但完全沒有演員，也沒有任何對白，他把攝影機的鏡頭對準帝國大廈的尖頂，不僅一語不發，動也不動的拍了8小時。

大家認為安迪‧沃荷是怪咖還是藝術家？他是第一個做這件事情的人，當然是藝術家，如果別人抄襲他，拿著攝影機對準101大樓屋頂拍9個小時，那就是瘋子。不管做什麼事，創新本身就是一種價值，代表一種潛能的開發，也代表人類發展的無限可能。

陳建銘先生的靈感與創新，代表他對事物的突破與不設限，閱讀本書，您也可以學習像他一樣，找到創新有趣的好點子！

王品集團創辦人 戴勝益 董事長

推薦序二

建銘兄是一個道道地地的「發明家」、「設計師」、「創新家」及「靈感師」。

但我一直認為用「思想家」來形容他更為貼切。他對任何事務的思考方式都是無邊無界，海闊天空的。以現在的台灣，社會要教育出一個這麼「天馬行空」的「思想家」幾乎是不可能的，所以藉由這個機會向大家推薦並分享他的「智慧」。特別是在仔細的看了他這本《靈感製造機》。 他可能是全台灣第一個可以把「思考力」、「創新力」、「觀察力」與「製造力」結合在一起的人，並且花費多年苦心思考、研究與嘗試許多次的失敗後，再後修於一個簡單易學的「靈感製造機」法則，可以輕易的讓這些「海闊天空」與「無邊無際」的想法落實。

本書鉅細靡遺的說明他如何發現這個「祕密」，書中詳舉了很多實例（包括他自己發明產品的過程與難題，並如何找到解決之道）。

他自稱是學校最後一名畢業，他卻忘了很多商業鬼才及企業家連畢業都沒有；如：

蘋果／賈伯斯、戴爾／麥可・戴爾、谷歌／佩吉、微軟／比爾・蓋茲等等。

但這些人卻創了很多奇蹟，改變了整個世界，讓世界更美好！

當人們都讚嘆賈伯斯是本世紀最偉大的商業天才時，他卻說：他不是。他只不過是把看到的兩個東西結合在一個而已。你們說我是天才，真的讓我有一些罪惡感。

陳建銘正是像賈伯斯一樣了不起的人：謙虛、博學、上進與總是努力學習，一直想要突破現狀的奇才。他值得所以有想要創業的人學習，他的書《靈感製造機》更值得大家一看再看。

謝貞德／來思達國際企業股份有限公司　創辦人

推薦序三

　　面對創新或是創作總是腸枯思竭，找不到靈感嗎？

　　見過許多創新發明人與各式創新的專利產品，常常詢問他們怎麼想到的？

中華創新發明
學會 簡介

　　有人說：「有一天，一個靈光乍現」、「想很久，睡一覺起來就突然想到了」、「工作到一半就突然想到了」、「生活上，剛好在做什麼事，突然就串連起來了。」

　　許多創新發明人在分享創新的過程裡，總是讓人不自覺的讚嘆：「啊！原來如此可以這樣做。」也不免羨慕起他們好有創意！

　　「靈感、創意」向來給人神祕難解，甚至認為只有少數人才擁有的天份與人格特質。而這個靈感、創意，到底從何而來？怎麼來？從來都沒人說得清楚。

　　終於，等到了這本書《靈感製造機》。

　　本書作者陳建銘，沉浸在創新發明的路上超過二十年，累積豐富的人生智慧，不吝與大家分享：「原來『創新』是有機可循，『靈感』是有方法可以培養產生的！」

在這個人人都需要創新力的時代，不論你人生在什麼階段，從事什麼工作，本書都值得你一讀再讀。拋開過去的僵固想法，一成不變的生活，重新建立大腦思維迴路，活絡思考的方式，讓自己脫胎換骨，成為令人稱羨的創意人。

國際創新發明聯盟總會總會長 吳國俊 博士

推薦語

　　從事創新研發的工作者，都有一個共同的特點，就是好奇心強，觀察力敏銳，以及擁有無比的耐心與毅力。

2018矽谷國際
發明展
台灣發明協會
組團參加影片

　　建銘身上充滿了創新研發者的血液，一個年輕人第一次到瑞士日內瓦國際發明展，用掉了大部分的積蓄他依然成行，但他從「體驗與旅行」中獲得了更多的靈感與創意。

　　「發明」是一種扎根的教育，在一個社會、國家中，如果每個人身上的發明種子均萌芽了，日常生活的不便之處，便能很快地獲得改善，社會的發明風氣依然成型。 盼這本書看完之後，您與我有相同之感受。

陳宗台／台灣發明協會 理事長

　　曾經是首位台灣人，榮獲發明界諾貝爾終身獎的我，從事發明30多年，近年來，更積極投入創意發明教育。

　　拜讀了這本書「靈感製造機」，原來，建銘是要分享一個重要的發現：很多成功的創新與發明，原來都有相同的步驟，建銘

將創新需要的步驟與技巧整理出來，讓想要尋找創新靈感的人，不再是一件可遇而不可求的事。

鄧鴻吉／台灣愛迪生創意科技股份有限公司　總裁

這是一本很適合不安於現狀、想要跨入創新實務的創意者。創新先生的書沒有複雜的長篇大論，藉由許多的案例與創新思維邏輯組合，來導引讀者，如何將夢想及靈感結合，開始跨出發明家的第一步！

卓必靖／中華創意創業交流協會　理事長

「創新」是個人及企業生存競爭的必要條件，因此掌握創新思考方式，將使您贏在事業起跑點上。

群洲電子
創新服務影片

誠摯感謝創新先生著作的《靈感製造機》，讓CDOUBLES群洲電子創造出品牌、工程商、消費者三贏的利基，從心態、角色、元素、流程、堅持等方向思考作為，進而領先全球安防市場，推出品牌8大創新服務價值，讓世界看見台灣創新之能力，相信此書可以幫助大家在創新之路更加堅定成功。

孔憲誠／群洲電子股份有限公司　總經理

拜讀建銘兄「靈感製造機」，能由故事啟發問題實作來引導我們逐步邁向創新發明之路，實屬難得之啟蒙大作，對於我們自己啟發或教導他人創新之法，使我獲益良多，是推薦給各位的一本創作聖經。

賴佳維／旭海國際科技　總經理

文山特殊教育
學校簡介影片

　　非常榮幸可以在建銘的新書中分享喜悅！現在我們已進入工業4.0的AI世代，唯有不斷的創新與啟發，才能跟得上時代的巨輪。而設計若能以愛為出發點，產生正能量的靈感，是人類的福氣！建銘兄滿滿的愛與關懷，循循善誘的指導，相信一定能帶給讀者新的思維路徑，讓大家將愛的設計理念與作品傳遞出去，散播歡樂散播愛！

梁作娟／文山特殊教育學校家長會 會長

　　陳先生是我認識逾13年的好友，看著他在創新路上的堅持與努力不懈，令人感到敬佩也很感動。這本書記述他創新研究的精闢歷程，具體且清晰的圖文加上QR Code影片的註解，很快就可以了解到創新與發明並沒有想像那麼困難，本書不僅可以協助讀者發掘更多的靈感，亦是一本勵志的好書。

蔡素芬／羅昇企業股份有限公司 協理

　　建銘兄是我10年前在台北發明展巧遇的一位發明家，剛好當時我也擔任公司內部的創新講師，聊了幾句欲罷不能，從此成為莫逆之交。誠如本書中所述，如果你堅持你的夢想，那全世界都會為你開路。沒錯，創新之路最重要的就是堅持，看完這本書之後，就可以現學現賣開始你的創新之路了，只要有心用心，搭配此書的武功心法，人人都是創新達人，加油！

戴志和／朋友

建銘兄是創新的實踐家和傳道者！對於創意和創新有獨到的見解，又善於用淺顯易懂的故事和案例來說明，讓人人都看得懂、學得會、做得出創新。

首席創新教練
周碩倫影片

周碩倫／奇果創新管理顧問有限公司 首席創新教練

發明不簡單，教導如何發明更不簡單，從發現困難（動機），然後分析困難（找出造成困難的原因），再提出解決困難的方法或裝置，數十年來，建銘一直在提供創新的點子，引導如何創新另人敬佩。

徐照夫／臺灣師範大學兼任副教授

認識建銘是十多年前的事，我看到他不只執著於發明，同時把心力放在創新教學的推廣。從他多次的分享和閱讀這本《靈感製造機》中知道，「靈感」固然有其天賦的因素，但原來更可以經由有系統的學習而獲得，這本書就是讓既使不具有天賦的人，也能透過書中的學習擁有展現靈感的能力。

引導師
顏彌堅FB

顏彌堅／心智成長教練暨引導師

記得，第一次認識發明家建銘兄時，並沒有眼睛一亮的感覺，總覺得發明家是高高在上，他怎麼讓人這麼容易親近；聽到他的自我介紹時，談到學生時代「成績多麼悽慘時」。讓我更訝異，「原來，發明與會不會讀書毫無關係」。

大河地政士
粉絲團

　　拜讀他的大作後，恍然才明白。原來「創新」是有模式可以依循，而「靈感」是有方法可以產生！

　　原來每個人的身上都有發明的因子，只是您有沒有將它匯集、重組變成一個「發明」。您有「發明家」的潛能嗎？在這本書中，您可以找到您發明的潛能因子哦！

　　　　　　　　　　黃國霖／大河地政士聯合事務所 所長

★旭東網路扶輪社　社長與社友們　真誠推薦

　　「靈感製造機」聽起來，好像是個從哆啦A夢的百寶袋中，拿出來的神奇寶物。「靈感」兩字是有靈魂也有感覺，這告訴我們，靈感是來自於長久的體驗與內在的整合，而有驚鴻一瞥的想法。具有這樣特質的人通常都是發明家，本書會告訴你，如何從生活中的體驗轉換出一些好想法。

旭東網路
扶輪社粉絲團

　　社友陳建銘在這幾年的自我磨練中，整理出許多製造靈感的方法，讓讀者會有種感想：啊！原來就是這樣呀！建銘不藏私地分享自我的經驗，讓大家都有機會成為發明家。

　　　　　　　　　　周正明／旭東網路扶輪社 2018-19年社長

　　上帝造人，讓我們有靈魂、靈感與想像力，靈感更是創作與發明之本，以「Be Better和Make Difference」的精神，用靈感與熱情澆灌，創新發明，We Can do something，創新先生建銘社友的

台灣公益
新聞網

《靈感創造機》一書，正在引發創新動能中～Go 發想趣！

簡郁峰／台灣公益新聞網 總編輯

賈伯斯說：「活著是為了改變世界！」陳建銘說：「藉著這本書的分享，希望對於社會發揮貢獻，這是一件多麼美好的事啊！」雖然是不同世代、不同領域的人物，想的、做的卻有殊途同歸的感動。

作者在生活的每個角落裡感受樂趣，發現數不盡創新的亮點，並且熱情的分享「角色扮演法」，真是創新思考與實踐技巧的啟蒙書，我細細品嚐著每個章節，相信您一定也會深深著迷。

陳於志／全人樂活教育基金會 董事長

個人生平最敬重的就是在這個創變的年代，能夠創新與創機的智者！而在旭東扶輪社就有位傑出的發明王：社友陳建銘先生，用畢生20多年歲月創新與發明，在國際發明舞台上發光發亮，能與建銘共社為友，感到與有榮焉。

如新寰宇領袖
黃詩芬FB

21世紀，5G＋AI＋互聯網的創機、隨機、躍機的年代，「靈感製造機」將在發明的區塊鏈中產出巨大的啟發與影響，在此也衷心祝福好友建銘，大作發行長紅！

黃詩芬／美商如新華茂 總裁級品牌大使

知道建銘出書，讓我與有榮焉，認識這個害羞的大男孩也十多年了！我們認識在一個成長課程的教練團中，他喜歡創意搞笑總是帶給大家歡樂的笑聲，十多年過去，這位發明王已經是兩個

小學生的爸爸了……

得到日內瓦發明展特別獎的殊榮後，建銘用創新思維，努力地追尋人生的夢想，出書來分享他的創意來源及如何創新，幫助更多正在努力向上突破發展的企業或個人，在創新過程中增添一道彩虹。

執行長
吳妍臻FB

吳妍臻／圓夢酒莊　執行長

建銘是我扶輪社的好友，初識時，就欽佩他在十多年前就拿下日內瓦發明獎，是創新領域的先驅。這幾年來，看到他在創新路上的堅持與努力不懈，更是佩服！「創新先生」實至名歸！

業務總監
何慧君FB

《靈感製造機》這書，分享了他創新研究的歷程，透過深入淺出，故事舉例，讓我們了解到創新與發明，只要透過步驟，人人都可以做到。在這個瞬息萬變的時代，誰擁有創新的思維就會帶領新的潮流，商機也滾滾而來。所以，不論各行各業都需要創新思維，更是業務領域的人才，必讀的好書。

何慧君／鉅富保險經紀人　業務總監

看《靈感製造機》這書，我是一同以往翻閱新書的習慣，快速瀏覽吸收關鍵字的方式囫圇吞棗而治，然浮現的許多關鍵字，有著一股莫名的力量牽引我，欲罷不能無法釋手的重新再仔細閱讀每一個字。

慶豐保全＆美
麗華物業網站

每每看到一段故事引述配搭作者自創的「角色扮演法」，使我深信原來靈感是可以順心隨意活用既有的學識激盪出來。原

來靈感是要化為實物才有價值，原來創新元素雖然來自天馬行空的右腦思考，也要左腦的邏輯執行將創意化為實物，原來發明創新不是天才的專利，只要參考作者的技術秘笈，透過「角色扮演法」、「靈感實現流程圖」，力行本書靈感製造機的導引「如果這樣……會怎樣呢？」原來靈感並非可遇不可求，創新一直充滿著無限可能。

魏偉鵬／慶豐保全＆美麗華公寓大廈管理維護（股）公司 協理

我是土木工程技職教育出身，本業是營造修繕產業，這個產業競爭多，絕對稱得上是紅海產業，如何在一片不景氣中異軍突起就得創新。

認識建銘兄是因為參與扶輪社的聚會，建銘靦腆而誠懇地分享，闡述各種來自個人對於生活之中，所發現的疑問與解決問題的創新發明過程，生動且有趣。原來科學發明不一定要在實驗室，原來科學家可以這麼接地氣不再遙不可及。記得在某個周末，帶著妻子與三名子女共同參加扶輪社的家庭日活動，建銘帶著創新發想的新出爐桌遊和諸多社友、寶眷、子女們進行親子遊戲，過程歡笑聲、驚呼聲此起彼落，活動結束仍讓大人小孩意猶未盡、熱切討論。

承蒙受邀參與建銘兄新書的書序推薦，這是一本將科普生活化可以與孩子一起分享討論、增進親子關係的好書，也是一本鼓勵、協助孩子獨立思考的工具書。

黃琛懿／安磊工程有限公司 總經理

經典廣告詞：「科技始終來自於人性」，《靈感製造機》讀後心得：「創新始終來自於需求」，你有「創新需求」嗎？《靈感製造機》有方法、有步驟，期待大家一起創新，讓世界更美好！

智作文創屋
粉絲團

黃瀛誼／智作文創屋　執行長

★明新工專（明新科技大學）班導師與同學們感動推薦

這是一本談論創新的大作，作者以二十多年從事發明的心路歷程，引導讀者如何於日常生活善用觀察力製造靈感，值得細細品味！

明新科技大學
網站

蔡明松／明新科技大學　運動管理系助理教授

很榮幸幫我的明新工專同學建銘寫他新書的推薦語，我和建銘都是少數把當初的五年制專科，當成牙醫系讀了六年才能畢業的同學，但是也都是因為有了不服輸的個性和創新的精神，我們分別在不同的路上取得了一點點小小的成就。

時碩集團企業
形象影片

我想要把這本書推薦給還在對人生徬徨無知，沒有設定目標的年輕人，和每日僅滿足於小確幸生活的朋友們，更想鼓勵那些跟我們一樣因為年輕時貪玩，國高中課業不好而無法考上名校的同學們，花點時間看一下這本書，人的一生很長，每個人都有機會創造屬於自己的天空，只要能隨時保持著充滿創意的精神和不

服輸的態度，我們就能做的比任何人都好，永遠不嫌晚。

劉光弘／時碩工業股份有限公司 集團副總

世界巨輪不斷的向前滾動，生活、科技、文化不斷的在翻新，這一切都是靠著人類腦子中源源不斷的靈感與創新在推動著。我的好朋友陳建銘先生，將這種寶貴的資產化作一本武功秘笈，真心推薦這本書《靈感製造機》。

江峻慶／Dell Technologies 系統顧問

曾有一句話說：「科技始終出自於人性」，而解決人性的需求，需要有靈感進而產生發明與創新。

又或許人們常在職場工作領域上，遇到問題正困擾沒有新想法。不知該如何跳脫框架？不知道如何找到創新機會？因而會議室裡，每一個人正在腦力激盪一片安靜，或是各執己見無法達成共識。原來，創新技巧是有方法可以透過學習取得。

本書作者透過自身的發明經驗，結合7個步驟演練，跳脫框架產生靈感的火花。以及在〔角色扮演法〕中，藉由觀察找到創新機會點，並協助您掌握系統性產生創意的原理原則。

閱讀完本書更讓我產生深切的共鳴，創意不一定要創造新事物，而是藉由作者提出的〔靈感實現流程圖〕方法，來解決生活中您我所遇到的問題。

黃俊威／聯發科技股份有限公司 技術經理

與陳建銘先生已是逾25年的同窗好友，畢業後大家各分東西，只能久久相約暢談一番。而每次的見面，他總是讓我覺得驚豔。

學生時代的他，木訥且不善於表達自己，現在的他很勇於在眾人面前侃侃而談，而且還不斷再突破自己。他很明白自己所欠缺的，也很勇敢地挑戰自己的弱點，進而讓弱點成為自己的強項。

施文奇／立隆電子工業股份有限公司　高級工程師

敬佩的陳建銘同學　創新先生，你源源不絕的靈感，發明了即科技又方便日常使用的創新產品，給予我們無限的驚喜與歡樂。平凡的你，創造了不同凡響的靈感發明。Keep innovation！

張鴻明／達邁科技股份有限公司　設備工程師

建銘是我認識逾25年的好友，看著他在創新路上的堅持與全心投入，令人感到敬佩也很感動。這本書記述他創新研究的精闢歷程，具體且彩色的圖文加上QR code影片的註解，很快就可以了解到創新與發明並沒有想像那麼困難，會讓你更重視細節和生活的點點滴滴，不同角度的觀察就有機會處處皆興創新事，事事為我開綠燈。本文不僅可以協助讀者發掘更多的靈感，亦是一本勵志的好書。

薛經緯／明新工專　同學

有榮幸邀請建銘兄，蒞臨中央大學EMBA讀書會分享創新發明的新思維，透過學界及業界人士的交流，更容易碰撞出火花，也讓與會人員獲益良多。

《靈感製造機》有別於抽象的理論名詞，而是以生動又有創意的例子，適合各種族群及年齡層的讀者，非常值得推薦給對「創新」及「發明」有興趣的朋友們。

生活中處處有小巧思，透過這本書會讓你發現，原來你可以是小小的發明家。我以「快快做，快快錯，快樂改」來呼應書中的執行力，有行動才能有機會完成想法，創造新思維。

鍾宇帆／建霖集團 項目高級經理

自序

　　在這個重視創新的世代，需要創新的範圍很廣，敘述創新的書籍也很多。可惜的是沒有一本書在研究探討：「<u>如何使用觀察力與想像力～製造靈感、產生創新的點子。</u>」

　　大家好！我叫陳建銘，我是一個平凡的人，卻努力在做一些不平凡的事。這是一本我多年的研究與心血所完成的書，關於如何產生靈感、如何創新思考、如何使用觀察力與想像力的書。

　　我是「會跑的鬧鐘」與「伸縮電蚊拍」發明人，很幸運地，有些作品在國內外發明展覽上，有不錯的成績。

　　在發明與創新這一條路上走了二十年，超過七千個日子，從中有豐盛的收穫與獨特的領悟，想要藉由這本書與各位分享：「<u>原來『創新』是有模式可以依循，『靈感』是有方法可以產生。</u>」

　　創新需要的心態與技巧是一樣重要，兩樣缺一不可，也是這本書的核心價值。<u>我將創新需要的「心態」整理成一個故事，取名為「創新思考之奇幻旅行」。</u>也曾到一些企業與學校分享，大家的反應還蠻熱絡。

　　<u>我將創新需要的「技巧」整理成一套秘笈，取名為「角色扮演法」。</u>我會用一些故事案例說明，我們在創新的過程中要如何扮演「偵探、抽象畫大師、裁判、神鬼戰士」這四種角色。以及

如何使用「需求感受、物件元素、改變元素」，在大腦裡做創新思考。照著做，就能創新，就能想出「亮點子」。

寫這本書對我而言是一項很大的挑戰，我沒有好的文筆，也不會用華麗的詞藻。但是，我是用很真誠的心來寫這本書，我相信這本書對於想要提升創新能力的人會有所幫助。我在想，如果藉由這本書的分享，有機會提升企業與教育界百分之一的創新能力，對於社會發揮一些貢獻，這是一件多麼美好的事啊！

記得，賈伯斯的生前名言曾說：「活著就是為了改變世界，難道還有其他原因嗎？」這句話相信是他的人生體驗，雖然有點狂，卻也鼓舞許多人勇敢追求夢想。

這既然是一本關於創新思考的書，我會在書中提問一些問題，讓大家去想一想？用不同的角度去思考如何創新。書中偶爾會在段落後面穿插一些【創新物語】，這是關於自己從過程中，有哪些感動、領悟與體驗的整理，縮短大家閱讀摸索的時間，以及避免走入創新的陷阱。此書也是要鼓勵很多人，勇敢去追求夢想。我是學校最後一名畢業，我可以做得到，相信很多人也可以。

大部分的人都知道創新很重要，重點是要先知道如何創新思考，如何想出讓人喜愛的亮點子，以及創新需要具備那些心態與技巧。如果你願意耐心地閱讀這本書，不論你現在是學生、上班族、產品開發人員、業務行銷人員、企業領導人，或是對於創新與發明有興趣的人等，這本書一定會帶給你在創新思考上有所幫助。

創新之路，對我而言也是一條走向夢想的路。我很喜歡這句話：「如果你堅持自己的夢想，全世界都會為你開路。」這句話，送給所有朝著自己的夢想努力不懈的人，包含自己。

①伸縮捕蚊拍專利
②會跑的鬧鐘專利
③發明獎之獎狀
④作者（左）接受三立電視台訪談

目　次

靈感、發明與創新

1-1 靈感，真的是可遇而不可求嗎？

❖「靈感」是創新的源頭！

　　維基百科對於「靈感」的定義是這樣子描述：「靈感是根據自己的經歷而聯想到的一種創造性思維活動。靈感通常於腦海裡只出現一瞬間。通常於文化和藝術方面時特別需要有靈感。一些職業通常於創作時特別需要靈感，否則不能設計出一種新的主意，如漫畫家、作家、填詞人等等。」

　　以往我們對於靈感的認知，認為靈感它是偶爾才會出現，不是想要有就會有，它是可遇而不可求，它是需要靈光乍現。

　　靈感，真的是像維基百科所描述，通常於腦海裡只出現一瞬間；或是大部分的人對於靈感的認知，真的是可遇而不可求嗎？<u>靈感，引發我的好奇，想要探索它的奧秘，於是，展開了一段長期研究的旅途。</u>

　　靈感，為什麼我們會認為是可遇而不可求呢？「我的研究發現，是因為靈感在大腦裡執行複雜的運作而產生的結果，這個結

果是要透由左右腦的分工合作，經過一段時間的醞釀，並非真的
可遇而不可求。」

❖ 左右腦功能

　　首先，你可能有聽過我們的大腦有分為左右腦，根據科學研
究報告，右腦是祖先腦，人與生俱來的巨大能力都埋藏在右腦潛
意識當中，右腦記憶速度及儲存量是左腦的100萬倍，右腦處理
信息的速度比左腦快4倍，儘管右腦的記憶潛能如此驚人，但現
實生活中95%的人，僅僅只使用了自己的左腦，而右腦中97%的
潛能未得到開發。也因為右腦中97%的潛能未得到開發，創新的
靈感，對於我們而言會這麼的遙遠。

　　左右腦功能上有所不同，這是羅傑・斯佩里在多年研究癲癇
病人的治療法後發現，**左腦是語言的、邏輯性的思考模式，主管
分析、理論等理性活動，右腦則是圖像式的思考，主管想像、直
覺等感性活動。**

　　胼胝體負責連接左右腦，若聯結被破壞，則右半腦接收到的
刺激沒辦法被用言語的方式表達出來，但可藉由辨識圖像或者是
觸覺等言語以外表達的方式「說」出內容。

　　藉由這個研究得到一些關於左右腦功能上差異的證據，羅
傑・斯佩里因為在這此實驗以及後續的研究貢獻，在1981年獲得
諾貝爾生理醫學獎。左右腦功能圖，如下：

左右腦功能圖

左腦		右腦
理性		感性
語言		音樂
文字		韻律
數學		創造
邏輯		想像
推理		畫面
分析		觀察
判斷		情感

胼胝體

❖ 靈光乍現

　　靈感，普遍的認知是可遇而不可求。但是，這本書要創造一件不可能的任務，讓靈感變成是可遇且可求！這本書要告訴你如何打開右腦的潛能，有技巧、有方法的讓創新的「靈感」產生。

　　所謂的靈光乍現，「找到了！」與「啊哈！」的驚嘆是怎麼來？為什麼有些人較有創造力？

　　美國有位窮畫家，名叫律柏曼，有一天在繪圖時，找不到橡皮擦。費了很大的勁終於找到時，鉛筆又不見了。律柏曼最後想出一個方法：他剪下一小塊薄鐵片，把橡皮擦放在鉛筆頭上並繞著包起來。後來，他申請了專利，並把這專利賣給了一家鉛筆公

司，賺了五十五萬美元。

　　創新之前，先要找到靈感，沒有靈感，何來的創新呢？我們可以說，<u>創新之前要做一件很重要的事，就是找到靈感。</u>

　　回想自己的發明過程，光是要找一個靈感，就需要花上好久好久的時間。例如，我的「伸縮電蚊拍」，是在我從事發明之後的第四年才有這個靈感。我的「會跑的鬧鐘」，是在我從事發明之後的第六年才有這個靈感。

　　3M的超不黏膠水，是3M的工程師在四年後才得到靈感，將超不黏膠水與便條紙結合在一起，創造出方便實用的「便利貼」。

1-2 靈感、發明與創新，他們三者有什麼不同？

❖ 根據維基百科是這樣描述他們之間的差異

靈感的定義

　　是根據自己的經歷而聯想到的一種創造性思維活動，靈感通常於腦海裡只出現一瞬間，通常在文化和藝術方面時特別需要有靈感。一些職業通常於創作時特別需要靈感，否則不能設計出一種新的主意，如<u>漫畫家</u>、<u>作家</u>、<u>填詞人</u>等等。

發明的定義

　　是一種獨特的、創新的有形或無形物，或是指其開發的過程。可以是指對機械、裝置、產品、概念、制度的創新或改進。一個社會經常問的問題是：「甚麼情況導致發明的產生？」基本上有兩個不兼容的見解：第一個認為缺乏資源促使人們去發明，另一個認為只有過多的資源才會導致發明。

創新的定義

創新是指以現有的思維模式，提出有別於常規或常人思路的見解為導向，利用現有的知識和物質，在特定的環境中，本著理想化需要或為滿足社會需求，去改進或創造新的事物、方法、元素、路徑、環境，並能獲得一定有益效果的行為。

❖ 靈感、發明與創新，他們三者有什麼不同？

簡單的舉例，如果我們的身上有一萬元，分別去做靈感、發明與創新這三件事，會有何不同的結果？

靈感，如果沒有將它具體化，沒有將腦中的創意實現出來，我們身上的一萬元還是一萬元。

發明，我們找到一個靈感，用身上的一萬元去開發一件產品，期待它能賣到更多錢。

創新，我們找到一個靈感，用身上的一萬元在行銷上或商品上，創造出大於一萬元的效果。

創新物語

靈感也可以說是創意、想法、點子，它是發明與創新的源頭，有好的靈感才能創造出前所未有的發明，才能實現出奇制勝的創新。

1-3 為什麼要創新？

❖ 創新對於企業的影響？

　　如果我們是一家企業的老闆、主管與員工，一定要知道創新對於企業的影響？企業尋求創新的目的就是為了提高獲利，持續成長。根據波士頓諮詢公司（BCG）最新制定的排行榜顯示，2017年全球最具創新力企業50強中，蘋果連續第12年稱霸。

　　第二名的Google則以解決問題的技巧聞名，並且鼓勵員工將20%的時間投入到有熱情的項目，也就是著名的「20%規則」。大陸企業共有阿里巴巴、聯想和華為等三家企業上榜。其中，阿里巴巴和聯想均是首次入榜。阿里巴巴位居全球第10名，聯想第14名，華為則是第46名。

　　2017年的第2至6名也都是科技巨擘，依序為搜尋引擎龍頭Google、稱霸電腦作業系統的微軟、網路零售巨人亞馬遜、韓國的三星，以及電動車先驅特斯拉（Tesla）。同時這些企業也是美國雜誌《富比士》（Forbes），公布全球最有價值的品牌之一，由此可知，創新對於企業的影響力真是無遠弗屆。

❖ 創新對於上班族與學生的影響？

　　如果我們是上班族，發揮創新，可以讓工作效率提升業績成長。如果我們是對於創新感興趣的人，發揮創新，可以讓平凡無奇的生活帶來樂趣。如果我們是學生，發揮創新，可以讓學習變得更加有趣。

創新物語

創新，不只可以用在產品開發，還可以發揮在業務行銷、生產流程、經營管理、日常生活與教育學習等。相信自己與團隊們的創新潛能，誰都有可能成為全球最有價值的品牌之一。

❖ 創新對於我自己的影響？

一定還是有很多人對於創新有所疑問，創新對自己與團隊們有什麼幫助？為什麼要創新？用我自己的案例分享，發揮創新加上努力帶給我什麼？

求學的時候，我是明新工專電子科（現在是明新科技大學），畢業考最後一名。發揮創新加上努力，我從一個三用電錶都不會使用的電子領域門外漢，變成上櫃公司的技術客服部門主管。

我是個說話表達能力較不佳的人。發揮創新加上努力，我從一個業績最不好的業務員，變成上市公司的國內業務主管。

我是在2007年第一次參加「台北國際發明展」。發揮創新加上努力，我首次參展的作品「會跑的鬧鐘」、「伸縮電蚊拍」，成為當時在發明展場超過上千件比賽作品中，獲得許多榮耀與最多媒體的青睞報導。

發揮創新，帶給我許多意想不到的收穫，曾經榮獲的獎項還包含：日內瓦發明展特別獎、台北國際發明展金牌獎、台北市政府獎，也因此獲選為「全國優秀社會青年」。

補充說明自己的發明作品，什麼是「會跑的鬧鐘」呢？

當起床的時間一到，鬧鐘就會在地上，不規則的亂跑！我們必須追它並將它關閉，在追的過程中，意識就逐漸清醒。

什麼是「伸縮電蚊拍」呢？

當蚊蟲停留在高處或是天花板時，一般的電蚊拍將無法發揮功效，必須等到蚊蟲停留在下方才打的到。「伸縮電蚊拍」是將一般的電蚊拍做結構的改良，增加伸縮桿與摺疊的功能，就可以克服蚊蟲停留在高處的問題。

①會跑的鬧鐘
②伸縮電蚊拍

1-4 如何知道這個點子有沒有創新？

想出一個點子很容易！做出一個好點子就不容易！想出並做出一個受歡迎的好點子就非常不容易！

點子是創新的一個想法，改變是創新的一個過程。唯有創新出來後的產物，經過市場的驗證，才知道你的點子有沒有創新。

❖ 如何知道這個點子有沒有創新？

需要冒險，在一個新想法上投資時間與精力，堅持地將它完成。唯有將想法實現，才會知道這是不是一個好想法。

我們可以想出偉大的點子，但如果賣不出去，就會一事無成。

賣！賣！賣！唯有將點子賣得出去、賣得好，才叫做創新。

從發明的角度上來看點子，它是這項專利還沒有人申請，市面上還沒有人在販售，它是可以被執行，並且市場有這個需求，這才是個好點子。

從行銷的角度上來看點子，它是有助於業績的提升，加強客戶在心中的品牌價值，它是讓消費者有好感，並且產生購買的慾望，這才是個好點子。

在這本書裡會談到，如何運用創新需要具備的心態「創新思考藏寶圖」，驗證自己是否有走在創新這條路上。如何運用創新思考的技巧「角色扮演法」，協助我們讓靈感加速產生，讓我們有更多好點子。很多很多成功的創新與發明都有相同的步驟，將這些步驟與技巧整理出來「靈感實現流程圖」，之後，想要尋找創新靈感的人，不再是一件可遇而不可求的事了！

創意解答試試看

假如您是車廠老闆，研發新車種後，卻發現無廣告預算，您要如何銷售並達到目標的130%呢？

創新，需要具備的心態

2-1 如何踏出創新的第一步？

❖ 創新思考之奇幻旅行

　　如何踏出創新的第一步？創新的過程中，我們需要具備創新的心態與技巧，它們是一樣重要。我將創新需要具備的心態編製成一篇故事，並將它取名為「故事連結法──創新思考之奇幻旅行」。

　　你可能是企業的領導者、中高階主管、基本員工，或者還是一位學生，建議你在看這一章節時，請把自己想像你就是故事中的主角，正在走一段如何創新奇幻的旅行。

　　故事裡將會遇到很多關卡，例如：知識河流、限制盒、創意吐司……，每一道關卡都是一項學習，都是創新需要具備的心態。一個好的創新思考學習模式，先要具備創新的心態，再去活用創新的技巧。

❖ 創新要從何開始？

　　如果我們是企業的領導人，可能知道創新對於公司經營很

重要；如果我們是企業的員工，可能知道創新對於工作升遷很重要；如果我們是學校的學生，可能知道創新對於課業很重要。我們渴望像蘋果電腦創辦人賈伯斯一樣，擁有一個創新思考的腦袋。困擾的是沒有人告訴我們，創新要從何開始呢？

　　有一天，你的朋友得知你有創新上的困擾，於是前來告訴你，可以到奇幻山上找一位創新大師，他會告訴你要怎麼做。

❖ 與創新大師喝茶

　　你背著簡單的行李前往奇幻山，走了三天三夜崎嶇的山路，終於找到了創新大師，並向大師說明來意。大師請你進到屋內聊聊，並且倒杯茶給你喝，你此時發覺不太對勁，茶杯裡的茶都已經滿出來了！大師還持續倒茶，難道大師不知道嗎？你急忙地和大師說：「大師！大師！茶都已經從茶杯滿出來，再倒也裝不進去了！」大師回答說：「嗯……這是一個很好的察覺，求知，就是先需要淨空心中的茶杯，不然什麼也裝不進來。」

　　隨後大師他拿出一張有點泛黃的地圖與一把鑰匙給你，接著說：「如果想要創新，記得，先從心態開始，先要具備創新該有的心態！創新的心態就在這張『創新思考藏寶圖』裡，等你找到藏寶盒之後，就用這一把創意鑰匙將它打開，藏寶盒裡還有另一個禮物，你要的答案就在裡面。我將這兩件寶物送給你，祝福你能找到寶藏盒，並將創新需要具備的心態與技巧使用出來。」

　　你用感恩的心收下大師所送的這份禮物，並向大師告別，尋找你要的答案。

創新物語

求知，就是先需要淨空心中的茶杯。

在創新思考裡，「忘性」和「記性」一樣重要，沒有忘記的能力，你會對於任何問題，準備好標準答案，這會阻礙你想出好的想法。

❖ 創新思考藏寶圖

於是，你打開大師送的「創新思考藏寶圖」，開始邁向創新的旅程了！

創新思考藏寶圖

2-2 第一站：如何活用所學的知識？知識河流

❖ 如何活用所學的知識？

　　你走著走著，來到了創新思考藏寶圖的第一站「知識河流」。你往河流猛然一看，驚覺河流有很多文字、數字在流動，包含之前所學的管理學、行銷學、產品設計、會計學等。這讓我們領悟到一件事：「從小到大，我們看了很多書，背了很多文章，滿腦子都是知識。可惜的是，如果不將知識活用出來，知識將會慢慢地死去。」

　　在教育上，學生通常用被動的態度去面對知識，老師教什麼，我們就吸收什麼，學生大都是在做一些左腦的分析、理解與記憶的事。

創新物語

如何活用所學的知識？有一個技巧，就是主動地去重新思考「問題」與「答案」之間的關係。

❖ 傳統教育與創新思考教育的差別

　　傳統的教育是左腦訓練：老師提出問題，學生回答答案，老師要的是學生的標準答案，也因此學生的答案，常受限於老師的傳授。例如：老師問2+4等於多少？學生回答6。

　　創新思考教育是左右腦訓練：老師引導學生重新思考問題，學生從新問題中創造出新的答案。例如：引導學生重新思考問題，什麼符合6？學生可能回答：7-1、3X2、18/3、3X3-3、把9倒過來等。

❖ 如何重新思考「問題」與「答案」之間的關係？

　　例如，我的發明作品之一伸縮電蚊拍，從「舊的答案」中找出「新問題」，「舊的答案」就是我們已知的電蚊拍，主要的功能是電擊蚊蟲，但「新問題」是市面上的電蚊拍款式這麼多，就是沒有一款可以打到高處與天花板上蚊蟲的電蚊拍。

　　接著，再從該「新問題」中創造出「新的答案」，「新的答案」是將電蚊拍的結構加以改良，除了將電網和握把中間的桿子增加伸縮的功能，以及電網和伸縮桿的結合處增加可以摺疊的功能。想一想，這樣是不是就可以容易電擊到高處的蚊蟲。

一般市面上的電蚊拍　　自己的發明——伸縮電蚊拍

❖ 知識河流的障礙題

　　刪除以下六個字母，讓剩餘的字母變為一個熟悉的單字。

ASIPXLEPTLTEERS

　　（參考答案在下一節）

創新物語

如何重新思考「問題」與「答案」之間的關係？

從「舊的答案」中找出「新問題」，再從該「新問題」中創造出「新的答案」。

2-3 第二站：不相信自己與團隊有創意怎麼辦？ 打開心中的限制盒

❖ 不要被無形的框架限制了！

沿著知識河流走著走著，你在地上看見了兩個高矮不同的盒子，好奇地打開一看，兩個各別關著一隻蚱蜢。你發覺到，這兩隻蚱蜢可能是被盒子關太久了！就算已經把盒子打開，關在矮盒子裡的蚱蜢，跳躍的高度，都不及關在高盒子裡的蚱蜢來的高。這讓我們領悟到一件事：「為什麼很多人無法創新？不願意創新呢？因為內心深處覺得創新離他太遙遠了！太困難了！光是要找到一個可以解決目前問題的好點子，就覺得非常困難。」

❖ 打開心中的限制盒

我們時常被關在自己心中的限制盒，要求團隊創新，卻又矛盾地要求他們要給一個標準答案、過程要合乎邏輯、遵守規則、不可以玩樂，並且認為自己與員工們都沒有創意。

創新的阻礙，心中的限制盒會告訴我們，大家都是這麼做，都是這樣設計產品、設計電腦、手機等。在銷售上，大家都是這

樣銷售行銷，還有什麼好創新呢？

　　還有為何我們不願意打開心中的限制盒？是因為我們內心的深處藏了一句話：「不相信！」

　　不相信自己與團隊有創意，認為創造力是聰明絕頂的天才所擁有。認為產生受歡迎的好點子，是與生俱來的特質，無法後天養成。其實，大部分的人都有某種程度的創意，只是忘了如何表現創意。

　　為何我們不願意打開心中的限制盒？另一個原因，是因為我們內心的深處藏了另外一句話：「害怕失敗！」

　　沒錯，失敗會令人害怕，但是，失敗的代價不如內心所想的這麼可怕。發明家、創新家與企業家們都會時常面對失敗，也會樂見小失敗，因為他們知道，失敗會讓他們有所成長。

　　諾貝爾文學獎得主貝克特曾說：「若試過，失敗過，沒關係。再去試，再失敗，並從失敗中進步。」

創新物語

大家都這麼做，你也這麼做，這是模仿，不是創新。

創新，你必需要敢與眾不同，打開心中的限制盒「不相信！」與「害怕失敗！」，不要被無形的框架限制了！

❖ 知識河流障礙題的參考答案

刪除以下六個字母，讓剩餘的字母變為一個熟悉的單字。

ASIPXLEPTLTEERS

刪除六個字母（SIX‧LETTERS）如下面藍色的字母，讓剩餘的字母（如下面紅色的字母）變為一個熟悉的單字……蘋果（APPLE）。

ASIPXLEPTLTEERS

上一章節的知識河流是要告訴我們，如何重新思考「問題」與「答案」之間的關係？從「舊的答案」中找出「新問題」，再從該「新問題」中創造出「新的答案」。

例如，在這裡「舊的答案」是蘋果（APPLE）。

找出「新問題」：要如何問才會創造出另一種水果的答案呢？

刪除以下六個字母，並且改變一些字母，讓剩餘的字母變為另一種水果的單字？

「新的答案」如下面紅色的字母，變為另一種水果的單字——檸檬（LEMON）。

LSIEXLEMTOTNERS

2-4 第三站：如何尋找更多答案？創意吐司

❖ 尋找第二個正確答案

你再往前走了一段路，來到一間小小的麵包店，店門口的招牌卻大大地寫著「專賣創意吐司」。咦！這不就是藏寶圖上所標示的「創意吐司」嗎？你的肚子剛好有點餓，就買了一條吐司來吃，吃著吃著讓你突然有個領悟：從小到大，教育，教我們的就是尋找一個正確答案，

創意吐司，尋找第二個正確答案。要想出一個好想法（或點子）的最好方法？就是先想出很多個想法。

一個標準的答案。考卷上的答案與課本的答案越接近，分數就越高。考試考得越好，就象徵著書讀得越好。

相反地，在創新思考的路上，當我們只有一個想法、一個答案時，是再危險不過，我們必需要尋找更多答案。

❖ 提出一個好問題，改變問問題的「用字」

如何尋找更多答案？<u>愛因斯坦曾說：</u>「<u>提出一個問題，往往比解決一個問題更重要。</u>」愛因斯坦或許是要告訴我們，問一個好問題是很重要，<u>尋找更多答案的技巧，就是改變問問題的「用字」。</u>

例如：我的發明作品之一「會跑的鬧鐘」。一般的鬧鐘是我們設定起床的時間一到，鬧鈴聲響起，我們會關閉鬧鈴，然後起床。

如果，我問問題的「用字」，我問自己「鬧鐘要改成什麼鬧鈴聲好呢？是要改成鳥鳴聲、驚嚇聲，還是鈴聲再調大一點。」

這樣子我的答案，就只能侷限在鬧鈴聲。

如果，我改變問問題的「用字」，我問自己「鬧鐘設定起床的時間一到，我要做什麼動作，才能關閉鬧鈴聲。」這樣子的問題所想到的答案就會不同。這個鬧鐘可能會是一個需要投入錢幣，鬧鈴聲才會停止的「撲滿鬧鐘」；或是需要組裝完成拼圖，鬧鈴聲才會停止的「拼圖鬧鐘」；或是需要射中紅心箭靶，鬧鈴聲才會停止的「箭靶鬧鐘」；或是需要起床去追它找它，鬧鈴聲才會停止的「會跑的鬧鐘」。改變問問題的「用字」，還會出現很多有趣的特色鬧鐘。

另一個舉例：假設你是一位室內設計師，你要設計兩相鄰的房間之間要用什麼樣的「門」隔開，這樣就只能侷限在門。

如果改變問問題的「用字」，你問自己，兩間房間要用什麼樣的「介質」來隔開。它們的中間，就有可能是布簾、隧道，甚至是花園。

不同的「字眼」代表不同的假設，引導你往不同的方向。

創新物語

要想出一個好想法（或點子）的最好方法，就是先想出很多個想法。

如何尋找更多答案、更多想法？有一個重要的技巧，就是改變問問題的「用字」。不同的字眼，代表不同的假設，引導你往不同的方向。

需求，是發明之母，誰才是發明之父呢？我認為是「問題」，提出一個好問題。

2-5 第四站：
依照過往的經驗做事，這樣好嗎？
穿越經驗瀑布

❖ 有時候太依賴經驗，未必是件好事

　　你再往前走了一段路，發覺前面沒有路了！只有一個大瀑布，你在想，這可能就是藏寶圖上所標示的「經驗瀑布」吧？你看著「經驗瀑布」，看到自己過往的經驗，看到自己是如何學會開車、如何讀書、如何學習、如何工作、如何談戀愛、如何創業等。讓你突然有個領悟：「經驗的好處是帶給我們許多方便，不用再去思考著這件事情要如何做；經驗的壞處是阻礙靈感的產生，讓我們不願再進一步思考，思考著這件事情還可以如何做？」

❖ 經驗的好處與壞處

　　經驗的好處，用我們平時開車上班到公司為例，經驗讓我們知道，開車要走哪條路線到公司，可以避免塞車，幫助我們節省時間。

　　經驗的壞處，用賈伯斯的創新行銷為例，經驗阻礙了靈感的產生，如果只是依賴經驗，在蘋果電腦公司的產品發會上，就不會出現用信封袋取代展示架，將Mac Air筆電緩慢地從信封袋取出來，展示這台筆電的輕薄了！

　　你可以試著回想一下，經驗對於你有哪些好處與壞處呢？

❖ 在創新思考時，忘性與記性是一樣重要

　　我們再接續上面的故事，前面沒有路了，只有一個大瀑布，難道是要穿越這個經驗瀑布嗎？如何穿越經驗瀑布呢？有一個技巧，還記得前面有提到的「忘性」嗎？在創新的過程中，你可能要暫時忘掉經驗記憶，有助於重新思考問題。

❖ 「忘性」技巧的應用

　　例如：我的發明作品之一「監視器主機防盜裝置」，監視器主機是記錄監視攝影機的儲存設備，一般要防止監視器主機被偷，過往的經驗會是這樣做：「將它鎖在機櫃裡，讓小偷不容易偷竊，但是，這要額外增加購買機櫃的成本，以及需要挪出一個空間擺放機櫃。」我選擇用上面所提的技巧，暫時忘掉經驗記憶，重新思考問題。

　　我重新思考這個問題，要如何防止監視器主機被偷竊呢？在使用上，監視器主機一定要接上電源，小偷若是要將主機偷走，一定得拔掉電源或是將電源線剪斷。所以，我在想如果主機斷電後，如何讓主機內部發出持續巨大的警報聲響，引起大眾注意，小偷就會趕緊落荒而逃。於是，我將這個想法做出來，才有這項發明「監視器主機防盜裝置」。

❖【穿越經驗瀑布】的障礙題

　　一個警察局長正在茶館裡與一個老伯下棋，突然間跑出一個小孩，急著對警察局長說：「你爸爸和我爸爸吵起來了！」

　　這時，那個老伯問：「這孩子是你的什麼人？」

　　警察局長回答：「他是我的兒子。」

　　請問：兩個吵架的人與這位警察局長是什麼關係？

　　（參考答案在下一節）

創新物語

在創新的過程中運用「忘性」，暫時忘掉經驗記憶，重新思考問題，才會有不一樣的「靈感」與「點子」。

2-6 第五站：
　　如何打破舊有的規則？安於習慣的規則狗

❖ 安於習慣的規則狗——亞斯倫

　　穿越經驗瀑布之後，有一隻可愛的狗往你這邊跑了過來，蹲在你的面前。你很開心地逗牠玩了一陣子，突然間，這隻狗說起話來：「你好！我的名字叫做亞斯倫，因為一年多前，有個男生每天固定下午五點時，會停留在

這裡休息一下，陪我玩並且拿好吃的食物給我吃。從那一天起，我就習慣每天下午五點來這裡等他，和他一起玩耍。這樣的日子，持續了一年多。上個月，那個男生突然和我說，他要搬家了！搬去很遠的地方，再也不能過來陪我玩了！我當時聽了很傷心，現在雖然沒有見到那個男生，但是，我還是習慣下午五點來這裡。」

亞斯倫的這一番話，讓你突然有個領悟：「過去在企業裡制定的那些規則，或許對於當時的人、當時的環境是有效。但是，在這個日新月異的時代，應該要給新的環境有新的規則。」

❖ 什麼是「亞斯倫現象」？

1. 我們基於一些有道理的理由，制定一些規則。
2. 我們遵守這些規則。
3. 隨著時間流逝，事物變遷。
4. 原來制定規則的理由已經不存在，但因為規則還在，我們就繼續遵守。

「亞斯倫現象」的案例，例如：鍵盤字母的排列。

1868年，「打字機之父」——美國人克里斯多福・拉森・肖爾斯得到打字機的專利並取得經營權經營，又於幾年後設計出現代打字機的實用形式和首次規範了鍵盤，即現在的 "QWERTY" 鍵盤。

為什麼要將鍵盤規範成現在這樣的 "QWERTY" 鍵盤按鍵佈局呢？

最初打字機的鍵盤是按照字母順序排列的，而打字機是全機械結構的打字工具，因此如果打字速度過快，打字機的鍵常常會卡在一起，公司經由內部討論如何解決這個問題，其中有位工程

師說：「如果我們讓打字員的動作慢下來呢？例如，O和I是英文裡第三和第六個最常用的字母，我們把它放在鍵盤上的位置，是需要力道較弱的手指上。」於是克里斯多福·拉森·肖爾斯發明了QWERTY鍵盤佈局，他將最常用的幾個字母安置在相反方向，最大的用意是放慢敲鍵速度以避免卡鍵。

現在電腦鍵盤的速度是足以跟上我們打字的速度，礙於人們習慣的考量，我們就繼續遵守QWERTY鍵盤佈局。

過去制定的規則，過去成功的方式，未必適用於現在與未來。規則的好處，是要讓整個秩序不會大亂。在企業上，規則是要提升員工效率，並不是要綁住員工思考。

創新物語

如何打破舊有的規則？
我們需要重新檢視組織與個人的規則，想一想，哪些要繼續保留，哪些需要汰換。

❖ 【穿越經驗瀑布】障礙題的參考答案

兩個吵架的人與這位警察局長是什麼關係？

一個是警察局長的父親，一個是警察局長的丈夫，因為這位警察局長是位女性。

在大部分人的經驗裡，警察局長都是男性。**在創新的過程中運用「忘性」，暫時忘掉經驗記憶，重新思考問題，才會有不一樣的「靈感」與「點子」。**

2-7 第六站：
跟著別人的腳步比較安全嗎？從眾樹叢

從眾樹叢

少數服從多數，在某些時候未必是好的！

❖ 少數服從多數，在某些時候未必是好的！

　　你遇到規則狗之後，來到了一片樹叢，發現這裡的每棵樹都長得一模一樣，包含他們的樹枝與樹葉。你好奇地問了其中一棵樹，為什麼你們都長得一模一樣呢？這棵樹回答：「這裡有一個規定，為了讓整個樹叢看起來整齊劃一，砍伐工人會先將長得不一樣的樹木砍下，做成桌子、椅子、家具等。大家都害怕先被砍伐，所以，這裡所有的樹木都長得一模一樣。」

　　你在此刻領悟到一件事：「為什麼很多人想要和大家的行為一樣？因為大多數的人，他們的心態是想要確保安全，不願意與眾不同。因此造成很多機會的流失，錯失良機。在創新的路上需要冒險，不願意冒險的企業，短期看起來是很安全，長遠的看卻是一場災難。」

❖ 什麼是「從眾定勢」？

「從眾定勢」是指個人受到外界人群行為的影響，而在自己的知覺、判斷與認知上，表現出符合於公眾輿論或多數人的行為模式。一般情況下，少數服從多數，認為多數人的意見往往是對的。需要在創意的過程中，缺乏分析，不作獨立思考。不顧是非的服從多數，是不可取的，是消極的「盲目從眾心理」。從眾也是指個體在社會群體的無形壓力下，不知不覺或不由自主地，與多數人保持一致行為的社會心理現象。

假如有一天，你騎著自行車來到一個十字路口，看見前方紅燈是亮著，你知道闖紅燈違反交通規則。但是，你發現周圍的人都闖紅燈，在此刻，你會停下來等綠燈，還是跟著大家一起闖紅燈呢？

❖ 如何開一場有效的創新思考會議

當我們與公司同仁一起在做創新思考的會議時，時常會掉入哪些盲點呢？

在會議中時常出現的狀況，高階主管想到的點子為眾人依循的方向，最後變成一人創新思考會議。或是，大部分的人要表現出符合於公眾輿論的「從眾定勢」，於是整場會議下來，表面上

看起來是服從長官，與同事之間團結和諧，開會時間控制得很精準，很有效率。但是，這卻導致一場無意義的創新思考會議。

如何開一場有效的創新思考會議呢？我們可以這樣做，將創新思考會議的時間與題目，提早幾天前公布，讓同仁在這幾天的空檔時間想一想點子與創意。每個人先要進入到獨自思考，將想出來的點子與創意寫在筆記本上，等到在創新思考的會議時，每個人再逐一分享與探討，創造出一場有意義的創新思考會議。

創新物語

在做創新思考會議時，提早幾天前公布題目，讓參與者每個人都能進入到獨自思考，避免陷入到「從眾定勢」。

2-8 第七站：如何讓問題產生新的觀點？暫停錶

❖ 給自己留點時間思考吧！

走在從眾樹叢的路上，你發現了一個復古的懷錶，這個懷錶除了很漂亮之外，它還有一個奇特的地方，就是你在走動時它就不動，你不走動時它就動，你在此刻領悟到一件事：就像是詩人道格・金曾說：「學會暫停，要不然很多好東西，都跟不上你的腳步。」

英國著名物理學家・盧瑟夫，有一個晚上走進他的實驗室，

看見一個研究生辛勤地在實驗台前工作。

　　盧瑟夫關心地問：「這麼晚了，你還在做什麼？」

　　學生回答：「我在工作。」

　　盧瑟夫問：「那麼你白天在做什麼？」

　　學生回答：「也在工作。」

　　盧瑟夫卻提出一個問題：「我很好奇，如果你一直這樣的話，那麼，你用什麼時間來思考呢？」

　　我們時常聚焦在解決問題，對於該問題，會陷入沒有新的觀點與想法。有時候，暫停一下，把問題交付給潛意識，或許是一個好辦法。

　　暫時把問題放在一旁，讓我們對於問題有寬廣的視角，當太接近問題時，我們就只有看到問題的一個面。

　　谷歌的執行長施密特在2005年，針對管理上提出「70-20-10法則」，內容是70％的時間用在搜尋與廣告等谷歌的核心事業，20％的時間用在地圖等的周邊專案，10％的時間用在探索全新的點子。施密特也說：「我們的目標是比世界上的其他人，更能善用每分每秒。」

　　暫時把問題放在一旁，當我們回到原來的想法與問題時，我們容易跳脫思維，用其他的假設去看它。

創新物語

別把自己弄得太忙，忙到沒時間去尋找靈感。暫停一下，除了給自己留點時間思考之外，也有助於讓問題產生新的觀點。

❖ 【暫停錶】的障礙題

　　請問以下這四個可樂瓶，要如何擺放，才能讓每個瓶子的瓶口距離一樣呢？

（參考答案在下一節）

2-9 第八站：如何不被問題所綑綁？領域橋

❖ 那個不是我的領域

　　領域，指某一專業或事物方面範圍的涵蓋。

　　經過了暫停錶，你來到了一座橋，在這座橋上標示著各種不同的領域，例如：醫學、法律、電子、光學、土木、化工、烹飪等，我們為了要有更好的表現，需要在該領域成為專家。

你在此刻領悟到一件事：「**做為一個創新者，在尋找更多的靈感時，千萬不要有『那個不是我的領域』的心態**。當一個人有這樣的心態時，他容易將問題設限在一個小範圍裡，並且不願意往其他的領域尋找靈感。」

❖ 賈伯斯的字體美術設計課

2005年6月，賈伯斯在史丹佛大學畢業典禮上發表演說，對於自己短暫的大學生涯有詳細回顧，以自己的親身經歷期許畢業生們，要勇敢追求自己真正的喜好。

在演講中，賈伯斯說，1970年代初期，里德學院的字體美術設計課程堪稱全美頂尖，校園中放眼所見每張海報與公告，都印著極為美麗的書寫體。他對此產生高度興趣，因此跑去字體設計課旁聽，學到什麼叫做襯線與無襯線字體，不同字體之間會產生的不同行距，以及要怎麼做才會讓好看的字體更趨完美。

在當時，對他來說，學習字體設計對於過日子似乎並沒有「實質」幫助，但是相隔10年之後，當他開始設計麥金塔電腦時，卻發揮重要影響力，麥金塔電腦對於電腦字體的美學特別講究。

他說：「如果我不曾去旁聽過那堂課，麥金塔電腦就不可能會有各種不同的字體或成比例間隔的字型。」

❖ 很多的創新靈感，是從其他的領域中找到答案

迴轉壽司的發明人白石義明，他參觀啤酒廠時，看到啤酒瓶運輸帶，靈機一動，將這種概念引用到壽司店中。

放大版的黃色小鴨創作人霍夫曼，他在為子女收拾玩具時，發現了一隻黃色小鴨玩具才找到這個靈感。

便利貼的發明人佛萊，他在教堂唱詩歌做禮拜時，將唱詩歌的重點寫在便條紙上才找到這個靈感。

拍立得相機的發明人藍地，有一次全家旅遊時，他的小孩吵著要馬上看到剛拍完的相片才有了這個靈感。

以上，這些創新的靈感都是從其他的領域中找到答案，他們是如何產生靈感，在第五章節中會有較詳細的敘述。

創新物語

很多領域的突飛猛進，都是從其他的領域互相刺激想法而得來的。有時候我們要跨越領域橋，到其他的領域多看、多聽、多聊，容易有機會產生創新的靈感。

❖ 【暫停錶】障礙題的參考答案

請問以下這四個可樂瓶，要如何擺放，才能讓每個瓶子的瓶口距離一樣呢？

先將三個瓶子的瓶口朝上排成正三角形，再將第四個瓶子的瓶口倒過來，讓四個瓶子的瓶口形成等邊立方三角形。

2-10 第九站：如何激發出創意的腦汁？丑角帽

❖ 戴上趣味的丑角帽

　　跨越了領域橋不久，你看到一頂五顏六色的丑角帽子掛在樹上，你好奇地，將這頂帽子從樹上拿了下來，往自己的頭上戴戴看。你在此刻領悟到一件事：「笑能夠讓自己的思想放鬆，就像丑角一樣暫時性地把自己的預設立場放在一邊，用另一個不同的角度來看事情，跳出習慣性思考模式。」

　　丑角是中國戲劇裡的其中一個角色，一般扮演比較滑稽或其貌不揚的角色。傳說當年唐玄宗喜歡演戲，下場演戲時就扮演丑角，唐玄宗因此被尊稱為中國戲劇界的祖師爺，所以傳統劇團的團長都是由丑角擔任。

　　丑角主要的工作是要打破一些墨守成規的習慣與規則，他或許不能給你正確答案，或是解決問題，但他能幫助你跳脫習慣。

　　丑角喜歡反諷規則，有時丑角是比這些規則更有道理，例如以下這個例子：

　　規則：「在企業裡，我們要逐一層級的管道溝通報告，這是一種尊重，才不至於嚇到你的大老闆。」

丑角：「那是在浪費時間，大老闆們都喜歡被嚇到，他們覺得這樣才好玩，也不會有先入為主的觀念，才能碰撞出不同的思考火花（我們知道先入為主是創新思考的障礙）。而且，這樣子你在老闆面前的能見度會增加，因為你會時常被叫到董事長室去。」

有時候，丑角講的話，比智者說的更有道理。丑角的思考模式，就像是愛因斯坦曾說：「有個問題我常常搞不清楚，到底是我瘋了，還是其他人都瘋了？」

❖ 玩樂的重要

哲學家柏拉圖曾說：「日子應該怎麼過呢？日子應該過得像在玩一樣。」

玩是人們與生俱來的能力，也是創新思考的利器。很多時候的新想法，都是我們在自己內心的遊樂場裡玩出來的。

當我們在玩的時候，會大膽地做各種嘗試，不怕犯錯，會把心裡的鎖鏈解開，放下心防，也不用擔心被處罰。

創新物語

戴上丑角帽，把自己放到一個有趣的心態，讓自己放輕鬆，創新的靈感會較容易產生。

2-11 第十站：打開藏寶盒

你依循大師送的「創新思考藏寶圖」路線，沿途跋涉經歷了許多障礙，終於在一堆石頭下找到了布滿泥沙的藏寶盒。將外盒的泥沙拍一拍，拿起手上的創意鑰匙，既興奮又期待地將藏寶盒打開。

看著裡面有一張紙條和一本秘笈，這一張紙條寫著：一個好的創新思考學習模式，先要具備創新的心態，再去活用創新的技巧。你沿路走到這裡所遇到的每個關卡，像是知識河流、限制盒、創意吐司……，每個關卡都是一項學習，都是創新需要具備的心態。在現實的世界裡，你如果在創新的過程中，發覺有哪裡行不通的地方，就打開這張「創新思考藏寶圖」，看一看是哪個關卡困住了你，心態上要如何去突破。

如何產生創新的靈感，這個技巧就藏在創新思考秘笈裡。這一本秘笈的上面大大地寫著五個字：《角色扮演法》。你將這一本秘笈帶回去好好地研究，並開始用在你的生活與工作中。

我們休息一下整理思緒，有關創新心態常見的迷失，全部放在這個章節裡。創新的技巧有那些呢？請延續到下一章節，創新秘笈「角色扮演法」。

創意解答試試看

如何善用社會問題，提升商品價值？

創新秘笈「角色扮演法」

3-1 如何找到靈感？何時容易有靈感？

❖ 如何找到靈感？

　　我的「會跑的鬧鐘」是在睡夢中找到這個靈感，記得在當下，我趕緊起床，拿起床頭旁的筆與記事本將它記下來。內容是這樣描述：「當設定起床的時間一到，鬧鐘就會在地上不規則的亂滾亂跑，我們必需要起床追它，在追的過程中，我們就會自然地慢慢清醒。」

　　大多數的人都認為「靈感」可遇而不可求，包括從前的我。有一天，我在思考為什麼「靈感」這麼難出現，靈感是怎麼產生的？是可以有方法的產生嗎？我就回想我之前發明的靈感，從頭到尾是怎麼冒出來。回想我的「會跑的鬧鐘」這個例子，因為容易賴床的我，當時我的潛意識是在思考，如何解決賴床的問題，我的大腦會不經意地想到這個問題，想著想著靈感就突然間冒了出來。

　　我整理一下，靈感在大腦裡是如何運作：「創新的靈感是由

生活中所觀察的事物，加上時間的醞釀，大腦交錯思考所產生，這就是靈感。**簡單地說，靈感就是右腦的想像力去尋找左腦的記憶，而找到的點子，恰好符合自己內心的需求。**」

創新需要靈感，你可能會問，有時候就是找不到創新的靈感啊！原因是這樣，創新，一定會用到觀察力與想像力，這兩種能力是藏在我們很少使用的右腦。你可能還會問，觀察是要觀察什麼？想像力是要如何發揮？因細部的內容較多，這些會放在後面的章節與各位分享。

創新物語

靈感，是思想的火花。問題，是靈感之父，當有問題來臨時，我們才會去思考如何解決問題。問題的答案是由生活中所觀察的事物，加上時間的醞釀，大腦交錯思考所產生，這就是靈感。我們要感謝「問題」來到面前，它可能是一項挑戰，也可能是一大商機。

❖ 何時容易有靈感？

通常在洗澡、打眍、玩樂、睡覺、跑步等，靈感較容易出現，研究後發現，心理狀態是放鬆時較容易產生靈感。

例如，我的「會跑的鬧鐘」是在睡覺時得到的靈感，心理的狀態是放鬆，大腦的狀態是想要解決我賴床的問題。「伸縮電蚊拍」是在洗澡時得到的靈感，心理的狀態也是放鬆，大腦的狀態是想要解決停留在天花板上蚊蟲的問題。

靈感，有時候是一場意外。例如，諾貝爾是在實驗時不小心

割傷手指，在傷口上塗上可以減輕疼痛的藥膏牛皮膠，讓他意外地發現，硝化甘油結合牛皮膠是製造膠質炸藥的基本原料。諾貝爾也因此發明了安全炸藥，取得了眾多的研究成果，也成功設立許多工廠生產，累積巨大財富。

　　由於諾貝爾終生主張和平主義，也因此他對於自己改良的炸藥作為破壞及戰爭的用途始終感到痛心。在即將辭世之際，諾貝爾立下了遺囑：「請將我的財產變做基金，每年用這個基金的利息作為獎金，獎勵那些在前一年為人類做出卓越貢獻的人。」根據他的這個遺囑，從1901年開始，具有國際性的諾貝爾獎創立了，分別獎勵5個領域：物理學、化學、生理學或醫學、文學、和平。經濟學獎於1968年由瑞典中央銀行增設，全名稱作「瑞典銀行紀念諾貝爾經濟科學獎」，通稱「諾貝爾經濟學獎」。諾貝爾獎普遍被認為是所頒獎的領域內最重要的獎項。

創新物語

靈感，因事件產生的感受，啟動了觀察力，產生的思考跳躍。
心理的狀態是「放鬆」，大腦的狀態是「解決問題」。

3-2 從「靈感」的孵化到「創新」的實現，需要 扮演哪些角色？

❖ 角色扮演法

自創了一套可以有步驟的產生靈感以及實現創新的方法，取名為「角色扮演法」。顧名思義在創新的過程中，我們的大腦需要扮演一些角色。

這幾種角色分別是：**偵探**、**抽象畫大師**、**裁判**、**神鬼戰士**，他們每個人有不同的任務要負責，並且他們會依序出場。當偵探搜尋在市面上，沒有既有的某項專利、技術、商品或方法，可以解決你的困擾時，裁判先不要急著否定創意點子。

在創新的過程中，這四種角色有著不同的任務，要發揮不同的功能：

左腦＋右腦		左腦	
偵探要發揮的功能，有時候是要用到右腦的觀察、情感，有時候是要用到左腦的推理、分析。	**抽象畫大師**要發揮的功能，是要用到右腦的創造、想像、畫面。	**裁判**要發揮的功能，是要用到左腦的判斷。	**神鬼戰士**要發揮的功能，是要用到左右腦的執行，右手右腳是由左腦控制，左手左腳是由右腦控制。
	右腦	左腦＋右腦	

創新物語

創新的靈感，是要經由左右腦輪流複雜地運作才能產生，因為它得來不易，我們才會認為，靈感它是可遇而不可求。

❖ 創新的靈感

在尋找創新的靈感時，先從人事物的該細微處開始找起。

經過我的研究後發現，所有的創新與發明，其實是由事物的元素所構成，這裡的元素是指可以被分解的事物。

如何尋找創新的靈感：

在尋找創新的靈感時，我們先要觀察「問題」找出「需求感受」，找到之後，分析推理找出適合的「物件元素」、「改變元素」。

再將「物件元素」與「改變元素」搭配後創造出「想像過程」，讓自己進入到想像的世界。

當這個「想像過程」符合需求感受並且可以解決該「問題」時，這個「想像過程」就是我們要創新的靈感。

上面對於如何尋找創新的靈感之描述有點冗長，但它確實是得來不易。

為何我們認為靈感是可遇而不可求，是因為靈感有時候需要用到大腦中的左腦，像是推理、分析、判斷、找出適合的「物件元素」、「改變元素」；靈感有時候需要用到大腦中的右腦，像是觀察「問題」、找出「需求感受」、「想像過程」、創造畫面等。

　　我長期研究後發現，「創新的靈感」它不是一個點，它其實是一個過程，它是一個可以有步驟與方法而產生。

創新物語

如何尋找創新的靈感，因為有出現很多新名詞，各位會難以理解。在此章節裡會陸續談到每個新名詞、每個步驟與方法，像是如何從問題中找出需求感受，什麼是「需求感受」，如何分析推理找出適合的「物件元素」、「改變元素」，如何將「物件元素」與「改變元素」搭配創造出「想像過程」等。

3-3 當個名偵探福爾摩斯

❖ 發揮敏銳的觀察力與推理能力

　　想像你就是名偵探福爾摩斯，你有敏銳的觀察力與推理能力，善於通過「合理的推理」對事情的來龍去脈抽絲剝繭，找到所有可能導致問題的原因。你這次的任務不是在犯罪現場找線索，而是在你的工作與生活中創新思考，找到靈感，創造出受歡迎的好點子。

　　細微之處往往最重要，不要讓偏見擾亂了自己的判斷，最重要的就是進行冷靜而客觀的觀察。排除了一切不可能的推理，無論剩下的有多麼不可思議，都將是真相。

❖ 觀察問題

　　福爾摩斯曾經告誡華生：「你確實看了，但卻沒有觀察。二者的差別很大。」

　　看與觀察的差別在哪裡呢？

　　看，有意識的看，是對於看後的人事物產生記憶或理解。

　　觀察，是指大腦對人事物的觀察能力，透過觀察發現新奇的事物，並在觀察後對畫面、聲音、氣味等產生新的認識，是一種有意識、有目的、有組織的知覺能力。<u>簡單地說，看與觀察的差別在哪裡呢？觀察，是看了人事物之後，會有所察覺，發覺有何不同處或是可以改變之處。</u>

　　福爾摩斯在創新思考中主要做的第一件事：<u>觀察問題</u>。

　　觀察什麼問題？觀察使用者在使用上有什麼困惱、業績為什麼下滑、手機的電池為什麼會爆炸、內部管理上出了什麼漏洞……

　　觀察問題，是要從細節找到所有可能導致問題的原因。

　　<u>觀察問題是創新的第一步，愛因斯坦也曾說：「提出一個問題，往往比解決一個問題更為重要。」</u>

❖ 合理的推理

　　福爾摩斯在創新思考中主要做的第二件事：<u>合理的推理，找出使用者想要的需求感受。</u>

　　這裡所講到的「使用者」，例如做產品創新、行銷創新，你的「使用者」就是消費者；例如做製造流程創新，你的「使用者」就是作業員、生產人員；例如做管理創新，你的「使用者」

就是部門員工、全體員工。例如做節目、產品發表會的創新，你的「使用者」就是觀眾。

合理的推理，不只是要找出使用者想要的需求，真正是要推理這個需求，背後藏著什麼感受。

想像一個情境，你逛街逛了兩個多小時，發覺腳好痠，好想找個椅子坐一下。此時，你的需求是找個椅子，你的需求感受是想讓你的腳放鬆一下。

再想像一個情境，你與朋友在咖啡廳的椅子上坐了兩個多小時，覺得好無聊，好想去逛街。此時，你的需求還是椅子嗎？你的需求已經改成逛街，你的需求感受是想看一看有沒有新奇的事物。

創新者的推理，會對於看到的人事物，找出使用者想要的需求感受。

創新物語

整理一下，福爾摩斯在創新思考中要做的兩件事：
一、透過觀察，提出一個好問題。
二、合理的推理，找出使用者想要的需求感受。

❖ 賈伯斯大腦裡的名偵探福爾摩斯

舉例說明，賈伯斯在他的行銷上，他大腦裡的名偵探福爾摩斯是如何用觀察與推理：

賈伯斯在思考著，要如何讓觀眾感受到，公司新開發的「Mac Book Air」這款筆電的超薄？

　　他在想，一般筆電廠商的產品發表會模式，將筆電放置於展示架上，再加上投影片放在大螢幕上做產品發表，感覺有點「平淡無奇」。這時候，賈伯斯大腦裡的偵探福爾摩斯在透過觀察，提出一個好問題。

　　賈伯斯問自己，如果自己也將這款筆電放置於展示架上，觀眾想必感受不到「Mac Book Air」與其他廠牌的筆電，在厚度上有什麼差異性，產品發表會上顯得很平淡。這時賈伯斯大腦裡的偵探福爾摩斯，<u>他合理的推理，在產品發表會上，使用者（觀眾）想要的需求感受是「平淡無奇」的相反：「不同凡響」、「驚奇」。</u>

創新物語

賈伯斯會出什麼創新奇招，展示公司新開發的「Mac Book Air」這款筆電的超薄？再之後的章節會陸續談到。

❖ 觀察力練習

　　下圖是台北市某公車，請問它是往A方向行駛？還是往B方向行駛？

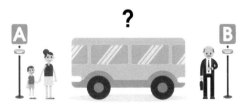

（參考答案在下一節）

3-4 福爾摩斯觀察「問題」，找出使用者想要的「需求感受」

❖ 靈感藏在「問題」裡，需求藏在「感受」裡！

上一節的重點有談到，福爾摩斯在創新思考中主要做的兩件事：

一、透過觀察，提出一個好問題。

二、合理的推理問題，找出使用者想要的需求感受。

我們常說「需求」是發明之母，其實「需求」也是創新之母。

那什麼才是發明之父、創新之父呢？

「問題」是也！「問題」它就是發明與創新之父。愛因斯坦也曾說：「提出一個問題，往往比解決一個問題更為重要。」這句話一點也沒錯。

❖ 透過觀察，提出一個好問題

觀察是要觀察什麼呢？

在創新裡的觀察是要觀察「問題」，人們會想要去發明與創新，是看到了生活上出現了問題，工作上出現了問題。如果真的沒有問題，或是不去面對問題，大部分的人，就不願意去改變、改善，就不會有所創新。

「問題」是創新的根源，「問題」是創新的關鍵，什麼樣的「問題」決定作什麼樣的「創新」。找到一個好的問題，問一個好的問題，往往會影響到整個創新的結果與成敗。

❖ 如何找到一個好的問題，如何問一個好的問題呢？

觀察後，問自己：「為什麼」、「如何才能」、「為何不」

我就用自己的發明「伸縮電蚊拍」來舉例，因為是自己的經歷，對整件事情的來龍去脈，如何找到這個靈感我是最清楚不過。

我老家住在四樓，蚊子還是很多，尤其是夏天，每當蚊子在耳朵旁嗡嗡叫之後就往高處或天花板飛。我手上拿著一般的電蚊拍，腳墊著椅子還是不夠高，只能看它逍遙地停在上方，一般我的做法是用抹布往蚊子方向丟，再用眼睛緊盯著它，看看它是否會往下飛。

當時，我觀察的問題是這樣，因為打蚊蟲這件事，我開始對於電蚊拍產生好奇並且做進一步的了解。我發現市面上的電蚊拍款式這麼多，就是沒有一款可以打到高處與天花板上蚊蟲的電蚊拍。

透過觀察，提出一個好問題。

我問我自己，要如何才能設計一款可以打到高處與天花板上蚊蟲的電蚊拍呢？

❖ 合理的推理問題，找出使用者想要的需求感受

當個名偵探福爾摩斯，善於通過「合理的推理」對事情的來龍去脈抽絲剝繭，找到所有可能導致問題的原因。細微之處往往最重要，不要讓偏見擾亂了自己的判斷，最重要的就是進行冷靜而客觀的觀察。

❖ 如何合理的推理問題呢？

當時，我問我自己，為什麼市面上的電蚊拍，無法打到高處與天花板上蚊蟲呢？

我開始研究電蚊拍的結構，電蚊拍的電網形狀不是長方形就是橢圓形，長度大約是20公分；握把與電網中間會有一隻桿子，桿子長度大約是30公分。我的身高是一米七，住家的天花板高度是三米二，所以，當蚊蟲停在高於兩米七的位置，就算我手裡拿著電蚊拍向上伸直到最高，還是打不到停在高於兩米七的蚊蟲。

另一個問題，如果蚊蟲是倒掛在天花板上呢？當時電蚊拍的結構，電網、桿子與握把是水平成一直線，這種結構根本打不到天花板上的蚊蟲。若是要打到天花板上的蚊蟲，電網與桿子之間是要可以摺疊為90度。所以，我的推理是電蚊拍的桿子需要加長，以及電網與桿子是要可以摺疊為90度，才能解決要打到高處與天花板上蚊蟲的問題。

❖ 什麼是「需求感受」呢？

當我們想要購買時，因為感受到內心的「需求」，才會有所「行動」。例如：大熱天走在路上，突然發覺口好渴，想要找一家便利商店買瓶礦泉水喝。發覺口好渴就是感受到內心的「需求」，找一家便利商店買瓶礦泉水喝就是「行動」。

假如，有一天，你也來到便利商店，但你是為了明天要交功課給老師，才到便利商店影印功課所需的文件，在當下你看到冷藏櫃裡有好多礦泉水，這時候的你會對於這些礦泉水沒有任何感受。這是因為明天要交功課給老師才是你內心的「需求」，影印

功課所需的文件才是你的「行動」。

　　「需求感受」就是內心的感受引發出來的「需求」。用前面所談的礦泉水例子，如果人們對它沒有任何感受，根本就不會有購買的「需求」。

　　大部分的發明與創新都是給有情感的需求者使用，尤其是人類。所以，一個好的發明與創新，它是帶有溫度，它是會讓人們在使用上感受到，它和以往的產品或服務有何不同。人們的正面感受越強烈，購買欲望與消費欲望就越強。這也就是「創新價值」，當人們感受到新產品或新服務的價值大於價格時，就會更想要購買、消費。

　　強調「需求感受」是要引發人們看到「創新價值」。

　　「需求感受」，就是使用者對於產品或服務想要的感受，也是人們對於事物、事件想要的感受或是期待。

　　這種感受可能是被新創造出來，例如：可口可樂飲料口味上的「獨特感」。

　　也可能是原先的感受已經不符合現在人們的需求，而是在同一個環境，創造出不同的感受，例如：賈伯斯的創新行銷要帶給觀眾「驚奇感」。

❖ 觀察力練習的參考答案

　　下圖是台北市某公車，請問它是往A方向行駛？還是往B方向行駛？（圖請見第66頁）

　　參考答案，台北市公車的上、下車車門，都是在駕駛座的右側，因為這張圖我們沒有看到車門，可以判斷車門是在另一邊。所以透過觀察，我們可以推理出這台公車是往A方向行駛。

3-5 「需求感受」有哪些？

❖「需求感受」就是要替消費者，創造出選擇你的理由！

　　我們會選擇到星巴克喝咖啡，是因為星巴克的座位寬敞，不會給人有壓迫感，可以放鬆的談話，整體的感覺是很「舒服」。記得有一次，我在星巴克寫這本書時，當時的天氣有些寒冷，我點了一杯熱拿鐵。我在出餐區等咖啡的時候，突然來了通電話，當時我不想要打擾到其他客人，於是在有點寒冷的戶外講了二十分鐘的電話。等我回到星巴克店內取咖啡時，服務生親切地對我說：「先生，這種天氣您點的咖啡應該不熱了，我可以幫您換一杯嗎？」當下讓我感受到很少咖啡廳有的「貼心」，心裡想著，真不愧是咖啡界的龍頭，很會抓住客戶的心。

　　我們會選擇到大賣場採購，是因為大賣場提供了許多民生需求用品，幾乎常用的生活用品都可以在那裡購買的到，給民眾的感覺是一次性採購很「方便」。我常去的那間家樂福大賣場，在入口處還提供了麥茶與檸檬水，讓長時間購物的民眾喝杯飲料解解渴，讓人感受到很少大賣場有的「貼心」，也是很會抓住客戶的心。

　　上面談到的星巴克與家樂福這兩個例子，舒服、方便、貼心，這些就是需求感受，就是使用者對於產品或服務上，內心真正想要的感受。

❖ 「需求感受」有哪些呢？

　　我將「需求感受」做一些整理，讓我們在創新的過程中，較容易找到使用者對於產品或服務上想要的感受，並且在第五章節會用一些故事例子，進一步談到「需求感受」要如何應用。當我們了解如何應用之後，會發現一件有趣的事，假如我們將相同的產品或服務，改變成不同的「需求感受」時，很可能就會有新的產品、新的服務而產生。

　　「需求感受」就是使用者對於產品或服務上想要的感受，也是人們對於事物、事件想要的感受或是期待。

　　常用的「需求感受」有這幾種：便利感、即時感、驚奇感、自主感、趣味感、獨特感、清潔感、簡單感、幸福感、務實感、好奇感、安全感、可愛療癒感、輕鬆舒適感、健康環保感、新鮮美味感、時尚高雅感、貼心親切感等。

 便利感

　　將原本令人做某件事情之後有「麻煩」的感受，變得令人有「方便」、「便利」的感受。例如，在第五章節會談到的「便利貼誕生的故事」、「伸縮電蚊拍誕生的故事」。

 即時感

　　將原本需要「等待」的做某件事情所產生的感受，變得可以「馬上」、「即時」所獲得到的感受。例如，在第五章節會談到的「拍立得相機誕生的故事」、「影印機誕生的故事」、「麥當勞誕生的故事」。

驚奇感

　　將原本令人看見聽見之後有「平淡無奇」的感受，變得令人有「不同凡響」、「驚奇」的感受。例如，在第五章節會談到的「賈伯斯創新行銷的故事」。

自主感

　　將原本需要「被動」的做某件事情所產生的感受，變得可以「主動」、「自己處理」所獲得到的感受。例如，在第五章節會談到的「麥當勞誕生的故事」、「迴轉壽司誕生的故事」。

趣味感

　　將原本令人做某件事情之後有「無趣」的感受，變得令人有「歡樂」、「有趣」的感受。例如，在第五章節會談到的「會跑的鬧鐘誕生的故事」、「填字遊戲誕生的故事」。

獨特感

　　將原本令人做某件事情之後有「普通」的感受，變得令人有「特別」、「特殊」的感受。例如，在第五章節會談到的「可口可樂誕生的故事」。

清潔感

　　將原本令人做某件事情之後有「骯髒」的感受，變得令人有「乾淨」、「潔白」的感受。例如，在第五章節會談到的「修正液誕生的故事」、「好神拖拖把組合的故事」。

簡單感

將原本令人做某件事情之後有「複雜」的感受，變得令人有「簡單」、「容易」的感受。例如，在第五章節會談到的「影印機誕生的故事」。

幸福感

將原本令人做某件事情之後有「愁苦」的感受，變得令人有「幸福」、「美滿」的感受。例如，在第五章節會談到的「黃色小鴨（放大版）誕生的故事」。

務實感

將原本令人接觸之後有「空虛」的感受，變得令人有「務實」、「踏實」的感受。例如，在第五章節會談到的「魔術方塊誕生的故事」。

好奇感

將原本令人接觸之後有「厭倦」的感受，變得令人有「好奇」、「渴望求知」的感受。例如，在第五章節會談到的「填字遊戲誕生的故事」。

安全感

將原本令人接觸之後有「恐懼」的感受，變得令人有「安全」、「放心」的感受。例如，在第五章節會談到的「可口可樂誕生的故事」。

可愛療癒感

　　將原本令人做某件事情之後有「心情鬱卒」的感受，變得令人有「心情開心」、「心情療癒」的感受。例如，在第五章節會談到的「黃色小鴨（放大版）誕生的故事」、「會跑的鬧鐘誕生的故事」。

輕鬆舒適感

　　將原本令人做某件事情之後有「勞心費力」的感受，變得令人有「輕鬆」、「舒適」的感受。例如，在第五章節會談到的「好神拖拖把組合的故事」。

健康環保感

　　將原本令人接觸之後有「虛弱」、「污染」的感受，變得令人有「健康」、「環保」的感受。例如，在第五章節會談到的「三明治誕生的故事」。

新鮮美味感

　　將原本令人接觸之後有「腐壞」、「難吃」的感受，變得令人有「新鮮」、「美味」的感受。

時尚高雅感

　　將原本令人接觸之後有「低俗」的感受，變得令人有「時尚」、「高雅」的感受。

貼心親切感

將原本令人接觸之後有「冷淡漠視」的感受，變得令人有「貼心」、「親切」的感受。例如，上面談到的星巴克與家樂福這兩個案例。

❖「需求感受」你放對了嗎？

有時候不是產品不好，也不是服務不好，而是「需求感受」放錯了！失敗的商業模式，往往是放錯了「需求感受」，例如：使用者想要的感受是「簡單感」，卻放了一個「複雜感」。

更嚴重的是感受不到「需求感受」就是所謂的「無感」。新產品或服務最怕的「需求感受」就是「無感」。

❖ 如何找出使用者想要的需求感受？

找出「需求感受」的技巧，就是從人們在生活上、產品使用上，造成困擾的問題，有什麼負面的感受，將負面的感受轉變成為正面的感受，正面的感受就是使用者真正想要的感受，例如：當時一般的電蚊拍，負面的感受是「麻煩」，要打天花板上的蚊蟲，要用抹布往蚊子方向丟，再用眼睛緊盯著它，看看是否會往下飛。「麻煩」的相反詞就是「方便」、「便利」，這個就是正面的感受。

創新物語

「需求感受」恰好與使用者在產品或服務上，感到困擾的相反感受。

3-6 當個抽象畫大師畢卡索

❖ 沒有想像力的藝術家，
　哪來的創新？發揮你的想像力吧！

　　想像你就是抽象畫大師畢卡索，你有無窮盡的想像力，一生的畫法和風格不是一成不變的，是一個追求藝術手法的探索者。相信很多人對你（畢卡索）的畫作都有一個感覺：「看不懂。」有這個想法的人，說明他們沒看過你14歲的畫作。13歲時，當時是美術教授的父親，看到你的筆法、線條，深深覺得你已經超越了父親，已經是個真正的畫家。20歲時，開始嘗試用畫筆來表達不一樣的思考。

　　你這次的任務不是對人物的描繪，而是運用你的想像力，在你的工作與生活中創新思考，畫出有亮點的好點子。

　　像畢卡索這樣，堅持不斷思考的少數派，最終才能成為傳奇。

❖ 如何將想像力找回來？

　　畢卡索曾經說：「我在小時候已經畫得像大師拉斐爾一樣，但我卻花了一生的時間去學習如何像小孩子一樣作畫。」

你可能會好奇地問，為什麼小孩子的想像力比大人豐富？原因是，我們的年紀越大，被社會與商場設限的規則越久，思考越僵化。再加上不知道想像力如何運用在職場與生活上，想像力便日漸退化，甚至忘了自己有想像力。

我們如何將想像力找回來？藝術家主要的任務是發揮天馬行空的想像力，但是，要如何做呢？

有意義的想像力是將觀察後的事物，問自己：「如果這樣……會怎樣呢？」相對地，發揮想像力時如果少了前面的觀察力，我們可以說這是一個無意義的想像。例如：你想像桌面上的檯燈變得很大很大，大到布滿整個房間。如果少了前面的觀察力，會難以得知這個想像（改變），對於使用者有任何意義。

愛因斯坦曾說：「想像力比知識更重要，因為知識是有限的，而想像力概括著世界上的一切。」

牛頓談到他成功的秘訣「我一直想，想……」

可以說，想像力是在創新的過程中非常重要的一環，也是大腦運作上非常複雜的一件事。嚴格的說，**沒有運用到想像力的改變，稱不上是創新。**

❖ 福爾摩斯與畢卡索一起合作

還記得，名偵探福爾摩斯在創新思考中主要做的兩件事嗎？

一、透過觀察，提出一個好問題。
二、合理的推理，找出使用者想要的需求感受。

當我們在問自己，我還可以怎麼做時，是進入到思考的階段，還未到想像的階段。

如果有一天，福爾摩斯與畢卡索一起合作，想要創造一個創

新的點子時，當福爾摩斯在合理的推理，找出使用者想要的需求感受。抽象畫大師畢卡索會接著問自己：「如果這樣……會怎樣呢？」尋找適合的素材與顏料。

畢卡索會想著如果這樣子做，是不是福爾摩斯所觀察的，使用者想要的需求感受呢？從繪畫的角度來看，此感受也是畢卡索他內心的情感。

❖ 畢卡索的創作《夢》

畢卡索時常用畫作傳達自己的情感，例如，他在創作《夢》這幅抽象畫作時：

1927年，47歲的畢卡索與一頭金髮、體態豐美的17歲少女初次相遇後，從此，這位少女便一直成為畢卡索繪畫和雕刻的模特兒。《夢》這幅畫作於1932年，可以說是畢卡索對精神與肉體的愛，最完美的體現。1935年，畢卡索的第一段婚姻走到了盡頭，其中一部分原因也是妻子無法忍受他和情人瑪麗·特雷絲的親密關係。瑪麗·特雷絲就是這幅《夢》的主角，在此畫作中可以窺探端倪。《夢》它描繪的情慾是畸變的，也是畢卡索將地下戀情公布於眾的獨特方式。

2013年，美國頂級藝術收藏家史蒂夫·科恩，從拉斯維加斯大富豪賭場大亨史蒂夫·韋恩那裡，購買了畢卡索1932年創作的情人肖像畫《夢》，作品成交價高達1.55億美元。

當畢卡索問自己：「如果這樣……會怎樣呢？」的時候，此時的他，讓自己進入到自己的想像世界。想像是無形的，如果當時畢卡索沒有將腦海中的想像畫出來，沒有人知道他在想像什麼。就像是我們的創新點子一樣，沒有呈現出來，沒有人知道我

們在想什麼？不管如何呈現，最起碼也要畫出來寫下來，這樣子，大家才懂得你的創新點子有何不同。表達創新的想法也是很重要，有時候我們的創新點子很好，可惜是表達的不好。

繪畫需要有主題，《夢》是這幅抽象畫作的主題。繪畫需要有素材，瑪麗‧特雷絲就是《夢》這幅畫作的素材。繪畫需要有工具，畫筆、顏料、紙就是畢卡索的工具。知名的畫家繪畫有他們自己的畫法與風格，畢卡索在繪畫上，善用觀察展現多元的風格。例如：1906年，畢卡索在人類學博物館初次看到黑人雕刻。於是，又有了立體派風格的畫作，創作出《亞維農的少女》。但不止於單純的寫實美學，畢卡索在之後的立體派畫作中，更多了一種作為少數派才會做的抽象表達。

❖ 創新的想像力，就像是畫抽象畫一樣

創新，就像是畫抽象畫一樣，也是要有主題、有素材、有顏料、有畫法、有風格。創新的主題就像是繪畫的主題，該作品完成後，我們會幫它命名。畫抽象畫的素材，就像是《夢》這幅畫作，畢卡索的素材是瑪麗‧特雷絲，畢卡索在繪畫時，會選擇某個人事物當成素材。創新的對象，就像是抽象畫的素材。像是服務創新，該服務就是創新的對象；產品創新，該產品就是創新的對象；流程創新，該流程就是創新的對象。畢卡索運用畫法、顏料上的改變，將腦海中想要改變素材的地方畫出來。創新的改變，就像是運用抽象畫的顏料，將腦海中想要改變的事物呈現出來。

補充介紹，畢卡索是當代西方最有創造性和影響最深遠的藝術家，他和他的畫在世界藝術史上占據了不朽的地位。畢卡索也

是一位多產的畫家，據統計，他的作品總計近37,000件，包括：油畫1,885幅，素描7,089幅，版畫20,000幅，平版畫6,121幅。

3-7 畢卡索如何發揮想像力？

畢卡索在創新思考中主要做的兩件事：

一、問自己：「如果這樣……會怎樣呢？」尋找適合的素材<u>與顏料。</u>

二、<u>創造畫面，將「想像過程」畫出來。</u>

❖ 黃色小鴨放大版的故事

如何發揮想像力？我們用藝術家‧霍夫曼所創作的黃色小鴨放大版的故事為例。有一天，霍夫曼他在為子女收拾玩具時，發現了一隻迷你黃色小鴨。他表示：「在地上看事物，相比站起來看，事物像變大了，確實好不同。」他問自己：「如果這樣……會怎樣呢？」尋找適合的素材與顏料。如果將迷你黃色小鴨變得很大很大，並且將它放在港口或湖畔上，大家看它的感覺，會變得如何呢？

這裡的「**素材**」就是：迷你黃色小鴨。

這裡的「**顏料**」就是：變得很大很大。

這裡的另一個「**素材**」就是：港口或湖畔上。

霍夫曼**創造畫面，將「想像過程」畫出來**。事後跟廠商聯絡，請廠商製作大型的黃色小鴨，並放在水面上。霍夫曼的黃色小鴨放大版，傳達給來觀賞的大眾們，讓充滿生活壓力的現代

人，可以藉由黃色小鴨的療癒效果，得到一種幸福的體驗。

這裡的「**想像過程**」就是：想像將迷你黃色小鴨變得很大很大，並且將它放在港口或湖畔上，讓充滿生活壓力的現代人，可以藉由黃色小鴨的療癒效果，得到一種幸福的體驗。

如果是用畢卡索的抽象畫角度看上面這則故事，該創新的主題一樣取名為黃色小鴨。創新的對象（也就是創新的素材），是小孩子在玩的迷你黃色小鴨。運用創新的改變（也就是創新的顏料），霍夫曼將迷你黃色小鴨，改變成放大版黃色小鴨。巨大物、放大物，這也是霍夫曼的風格。

❖ 《夢》的素材與顏料

畢卡索如何發揮想像力？畢卡索在創作《夢》這幅抽象畫作時，會將瑪麗・特雷絲身體的某些部位做些變化，她的臉蛋就像是一顆心臟橫躺著，那雙手比例稍微大些，右手的手指頭增加了一根，為了突顯瑪麗・特雷絲，背景的牆面用暗紅暗綠色搭配，讓整幅畫產生強烈的對比。畢卡索將日常所見的事物，簡化成像這幅抽象畫，以基本的圓形與三角形等組成，並運用粗黑的線條來表現輪廓，有時也會採用明亮的色彩，他藉由誇張、扭曲的形狀和色彩，來傳達自己的情緒。

這裡的「**素材**」就是：瑪麗・特雷絲。

這裡的「**顏料**」就是：臉蛋就像是一顆心臟橫躺著、雙手比例稍微大些、右手的手指頭增加了一根。

這裡的另一個「**素材**」就是：背景的牆面。

畢卡索擅長將情感融入在創作上，在畫瑪麗・特雷絲時，會將瑪麗・特雷絲身體的某些部位特別修飾，強調她的臉蛋、那

雙手、脖子上的項鍊、背景的牆面等。用描繪表達內心的情感，《夢》這幅畫可說是畢卡索對精神與肉體的愛的最完美體現。

假如有一天，畢卡索與其他畫家在一起作畫，繪畫的主題一樣是《夢》，素材一樣是瑪麗・特雷絲，大家用的畫具畫筆、顏料、紙都一樣，你覺得畢卡索與其他畫家的作品差異在哪呢？畢卡索能獨得之見，我覺得差別除了在畫法的技巧與風格不同之外，還有在於畫家的想像力，是否有發揮的淋漓盡致。

❖ 想像力的發揮技巧

我們要如何讓創新思考的想像力發揮出來呢？經過研究後發現是有技巧。

想像力的發揮技巧是在創新思考時，問自己：「如果這樣……會怎樣呢？」尋找適合的素材與顏料。讓自己進入到自己的想像世界，讓我們的右腦去尋找物件元素（也就是素材）、改變元素（也就是顏料）。

3-8 畢卡索的想像力原料有什麼？

「物件元素」、「改變元素」與「想像過程」。

❖ 什麼是「物件元素」？

「物件元素」是指要創新的對象、輔助創新的對象、改變創新的對象。

「物件元素」就像是抽象畫裡的素材，繪畫需要有素材，瑪麗・特雷絲、背景的牆面就是《夢》這幅畫作的素材。

　　《夢》這幅畫作要創新的對象就是瑪麗・特雷絲，輔助創新的對象就是背景的牆面。

　　我們在想像的過程中，就算是要憑空想像，最少也會找一個物件來想像，這個物件也就是這個對象，可能是人、事、物的其中一項，例如：我們在想像未來的iphone12外觀會有什麼改變，它會增加什麼功能，於是，目前這一代的iphone產品就會成為我們想像的物件。

　　我把這個想像的物件，以及這個物件會用什麼其他的物件來產生變化，取名為「物件元素」。

　　不同的創新領域有不同的物件元素，產品設計、業務行銷、生產製造等，他們的物件元素都不同，範圍及其廣泛。

　　「物件元素」的本體，就是素材本身，就像是瑪麗・特雷絲本身。

　　抽象畫裡的素材，就像是創新需要的「物件元素」，<u>常用的有：原本本體、部分本體、其他本體、其他部分本體，包含這些本體的功能、特色、動作、流程、外觀、形狀、顏色、品質、質感、文字、原理、理論、特質等。</u>（這些就像是素材的細部，瑪麗・特雷絲的臉蛋、那雙手、脖子上的項鍊、背景的牆面等）。

　　什麼是原本本體、部分本體、其他本體、其他部分本體？

　　以筆記型電腦為例，原本本體就是這台筆記型電腦的本身；部分本體就像是這台筆記型電腦的滑鼠、鍵盤、螢幕等；其他本體就是與這台筆記型電腦不相關的事物，例如：信封袋、檯燈等；其他部分本體就是與這台筆記型電腦不相關的事物某部分，例如：信封袋的袋口、檯燈的燈泡等。

創新物語

「物件元素」是指要創新的對象、輔助創新的對象、改變創新的對象。

❖ 什麼是「改變元素」？

「改變元素」是指要改變創新對象的模式，讓它成為一種新產品或新服務等。

我們在想像的過程中，想像要將這個物件如何改變，例如：我們在想像iphone12外觀要改得更薄，重量要更輕，它會增加什麼功能，我把物件要如何改變的模式，稱作「改變元素」。

「改變元素」就像是抽象畫裡的變化，畫家用畫法描述自己內心的感受，作品是展現畫家作畫的情感，也是畫家們發揮想像力的方式。創新，就像是繪畫抽象畫時，一定要用到的想像力，想像這個素材要如何改變，才能表達出自己內心的感受，才是使用者想要的需求感受。想像這個素材要如何改變，要將某個部分放大、某個部分縮小、某個部分增加、某個部分減少，某個部分取代另一個部分，像這一些改變的模式，我稱它是「改變元素」。

抽象畫裡顏料的變化，就像是創新需要的「改變元素」，改變創新對象的模式，常用的有：放大、縮小、增加、減少（濃縮）、刪除、簡化、分解、重組、結合、交錯、取代、借用、反轉、交換、重複、覆蓋等。

創新物語

「改變元素」也就是改變創新對象的模式，讓它成為一種新產品或新服務等。

❖ 什麼是「想像過程」？

在尋找創新的靈感時，「想像過程」就是「物件元素」與「改變元素」的組成模式，讓自己進入到自己的想像世界。

「想像過程」就像是一副充滿情感的抽象畫作，先要選對了素材「物件元素」，再用顏料將素材作一些改變的「改變元素」，這兩種元素組成後的點子，必須符合使用者想要的需求感受。

想像如果將某些素材與某些顏料，做某種組合⋯⋯會怎樣呢？

抽象畫的風格，取決於素材與顏料的搭配。創新思考的想像力，取決於「物件元素」與「改變元素」的組成。

在一個「想像過程」裡組成的模式，有可能不只一個「物件元素」與一個「改變元素」的組成；有可能是多個「物件元素」與多個「改變元素」的組成。

你會好奇地問，該如何尋找「物件元素」、「改變元素」呢？

從觀察使用者想要的「需求感受」，去尋找符合的「物件元素」、「改變元素」。

❖ 從觀察使用者想要的「需求感受」，去尋找符合的 「物件元素」、「改變元素」

在黃色小鴨放大版 的故事中，藝術家霍夫曼想要傳達給來觀賞的大眾們，讓充滿生活壓力的現代人，可以藉由黃色小鴨的療癒效果，得到一種幸福的體驗。這裡的「需求感受」是「可愛療癒感」、「幸福感」。

使用的「物件元素」（素材）是用「本體」，指的是小孩子的玩具迷你黃色小鴨；還有另一個「本體」是將它放在湖泊、港口上。

使用的「改變元素」（顏料）是用「放大」，指的是將迷你黃色小鴨變得很大很大，大到人們在遠處就可以看到它。

霍夫曼的「想像過程」：將「物件元素」迷你黃色小鴨變得「改變元素」很大很大，放在另一個「物件元素」湖泊、港口上，並且要大到人們在遠處就可以看到它。

我們想一想，如果霍夫曼當時選擇的「物件元素」是烏龜，而不是迷你黃色小鴨呢？一樣會有很多觀眾前來觀看嗎？

我們想一想，如果霍夫曼當時選擇的「改變元素」不是「放大」，反而是「縮小」呢？觀眾在遠處還看的見嗎？還有觀眾願意前來觀看嗎？

我們想一想，如果霍夫曼當時選擇的另一個「物件元素」是陸地，而不是湖泊、港口呢？會不會失去了黃色小鴨浮在水面上的悠哉感呢？是否還能傳達給來觀賞的大眾們，讓充滿生活壓力的現代人，可以藉由黃色小鴨的療癒效果，得到一種幸福的體驗呢？

創新物語

從「需求感受」中找到符合的「物件元素」與「改變元素」。

3-9 做個精明準確的裁判

❖ 判斷力影響創新點子的成敗，
　甚至是企業未來的發展

　　裁判，在創新的過程中，主要的工作是負責裁定和判決，發揮判斷力，判斷這個點子是否還要繼續執行。當偵探與抽象畫大師還未出現時，裁判先不要急著否定創意點子。**判斷力建立在多聽、多想、多看、多查的基礎，以及平日知識、常識的累積。**

　　判斷力好與不好，除了經驗之外，更重要的是個人的自信與堅持。判斷力，就像是前線作戰的將軍首領，必須仔細研究敵情與地形，而後才能擬定作戰方案，隨後再展開進攻。

　　一個有精明準確而堅決的判斷力的人，他的發展機會要比那些猶豫不決、模稜兩可的人多太多。一個判斷力很強的人，會對於自己的主張有所堅持，他們絕不會糊裡糊塗聽信他人，他們也不會永遠處於徘徊當中，或是遇到挫折便賭氣退出，使自己前功盡棄。他們只要作出決策、計畫好的事情，一定勇往直前。

觀察力與判斷力是息息相關，世界球王比利在總結自己的足球生涯時說：「我踢球的最大特點是善於觀察。」

❖ 創新的過程中，大腦裡的裁判與偵探是如何互動？

偵探首先觀察某件讓自己產生困擾、疑惑的事，當找到這件困擾的事情之後。

偵探會做市場搜尋，完成搜尋的工作之後會說：「在市面上是否已經有某項專利、技術、商品或方法，可以解決目前的困擾呢？」

裁判回答：「目前的專利、技術、商品或方法，沒有辦法解決這件困擾。」

偵探回答：「好，我再從這件困擾中，找出需求的感受。」

舉例說明，賈伯斯在他的創新行銷上，他大腦裡的裁判是如何與偵探對話。

偵探首先觀察某件讓自己產生困擾、疑惑的事。

賈伯斯大腦裡的偵探當時的困擾，要如何讓觀眾感受到「Mac Book Air」這款筆電的超薄？

偵探會做市場搜尋，完成搜尋的工作之後會說：「在市面上是否已經有某項專利、技術、商品或方法，可以解決目前的困擾呢？」

賈伯斯大腦裡的偵探完成搜尋的工作之後會說：「一般筆電廠商的產品發表會模式，會將筆電放置於展示架上，另外，再加上投影片放在大螢幕上做發表。」

裁判回答：「目前的專利、技術、商品或方法，沒有辦法解決這件困擾。」

賈伯斯大腦裡的裁判回答：「這樣是無法讓觀眾感受到「Mac Book Air」這款筆電的超薄。」

偵探回答：「好，我再從這件困擾中，找出需求的感受。」

賈伯斯大腦裡的偵探回答：如果自己也將這款筆電放置於展示架上，觀眾想必感受不到「Mac Book Air」與其他廠牌的筆電，在厚度上有什麼差異性，產品發表會上也顯得很平淡。在產品發表會上，使用者（觀眾）想要的需求感受是「平淡無奇」的相反：「不同凡響」、「驚奇感」。

❖ 判斷力的影響

一個成功的人，一定有一種堅決的意志。成功者須當機立斷，把握時機。一旦對事情了解清楚，並制定了周詳的計畫後，就不再猶豫、不再懷疑，能勇敢果斷地立刻去做。一旦決定做出之後，就不能再對事情和決策發生懷疑和顧慮，也不要管別人說三道四，只要全力以赴地去做就可以，否則會與成功無緣。

一個成功的人，如果目標明確、胸有成竹，那麼他絕不會把自己的計畫拿來與人反覆商議，除非他遇到了在見識、能力等各方面都高過他的人。在決策之前，他都會仔細研究，然後制定計畫，採取行動。

❖ 創新的過程中，大腦裡的裁判與抽象畫大師是如何互動？

抽象畫大師問自己：「如果這樣……會怎樣呢？」尋找適合的素材與顏料。

抽象畫大師創造畫面，將「想像過程」畫出來。

裁判會問：「有解決你的困擾，並且符合需求感受嗎？」

　　舉例說明，賈伯斯在他的創新行銷上，他大腦裡的裁判是如何與抽象畫大師畢卡索對話。

　　抽象畫大師問自己：「如果這樣……會怎樣呢？」尋找適合的素材與顏料。

　　賈伯斯大腦裡的抽象畫大師問自己：「**如果這樣……會怎樣呢？**」要怎麼做才可以在產品發表會上，讓觀眾感受到「不同凡響」、「驚奇」。他想到，既然「Mac Book Air」是在強調超薄，我如果拿一樣超薄的東西包住這款筆電，並且觀眾都明白這東西很薄，像是A4大小的信封袋。大家看到這款筆電可以裝在信封袋裡面，觀眾自然就能體驗到「Mac Book Air」的超薄。

　　賈伯斯大腦裡的抽象畫大師**尋找適合的素材與顏料**。

　　「**素材**」：放置筆電的展示架。

　　「**顏料**」是「**取代**」：用A4大小的信封袋取代展示架。

　　另一個「**素材**」：A4大小的信封袋。

　　抽象畫大師創造畫面，將「想像過程」畫出來。

　　賈伯斯大腦裡的抽象畫大師的「想像過程」：自己拿著A4大小的信封袋給觀眾看，並從薄薄的信封袋裡，緩慢地拿出筆電。讓觀眾大吃一驚，展現「不同凡響」、「驚奇感」，原來筆電可以變得這麼薄！

　　裁判會問：「有解決你的困擾，並且符合需求感受嗎？」

　　賈伯斯大腦裡的裁判會問：「有解決你的困擾，讓觀眾感受到『Mac Book Air』這款筆電的超薄，並且符合需求感受『驚奇感』嗎？」

❖ 判斷力訓練【真假小矮人】

阿甘遇到三個小矮人，其中有一個只講真話，一個只講假話，另一個講話半真半假。

請你協助阿甘，分清楚哪個是講真話的小矮人？

阿甘先問甲小矮人：「你是講真話的，還是講假話的，還是講話半真半假的？」甲小矮人回答：「我是講假話的。」

阿甘又問乙小矮人：「甲是什麼小矮人？」乙回答：「甲是講真話的。」

阿甘又問丙小矮人：「甲是什麼小矮人？」丙回答：「甲是講話半真半假的。」

（參考答案在下一節）

3-10 用熱誠，點燃你心中的神鬼戰士

❖ 熱誠，是生命的原動力！

在羅馬競技場上，要活著，就是要贏。創新也是如此，但不見得要擊敗對方，而是要先戰勝自己內心的恐懼。

在創新這條路上，你要成為一名戰士，一名對於自己目前在做的事情，充滿熱情的神鬼戰士，並且用這些熱情，覆蓋你在創新過程中的艱難辛苦。

你是否有藏在內心多年的夢想沒去完成呢？無論我們有多美好的夢想，無論我們有多完美的計畫，沒有去做，一切都只是空想。**創新來自於行動，如果你還在談論你的夢想，還在談論你的目標，但卻什麼都沒有做，那就先踏出第一步吧！**

賈伯斯曾說：「你需要對自己所做的事情有熱誠，這是完全正確的。這是因為，它（創新創業）是非常艱辛的，如果你沒有熱誠，任何理智的人都會放棄。它真的很難，而你需要維持一段很長的時間，所以如果你不喜歡它，做的過程中找不到快樂，你就會放棄，那就是人們最時常發生的事情。如果你看看那些在社會中被認為成功的例子，很多人就是喜歡他們的工作，所以才會堅持下去，至於那些不喜歡的人，就會放棄，因為他們是理智的。如果不喜歡，誰會繼續呢？所以那是需要很多努力，而且無時無刻會有很多煩惱，如果你不喜歡，你將會失敗。」

❖ 神鬼戰士的任務與特質

神鬼戰士，在創新的過程中，主要的工作是協助你，把你的創新計畫完成，發揮執行力去行動，他不會一開始就工作，他會等到偵探、抽象畫大師、裁判都出現之後才工作。

神鬼戰士，需要為自己訂一個截止日，拋開所有的藉口讓創新計畫完成。

神鬼戰士，透過不斷的嘗試，訓練他的冒險肌肉。就像在棒球場上，除非你踏上打擊區，不然，你不會有機會打全壘打。

神鬼戰士，需要勇氣將創新計畫訴諸行動，還記得什麼是勇氣嗎？當你害怕時，你卻沒去做，這不是勇氣；當你不害怕時，你卻去做，這也不是勇氣；當你害怕時，你卻去做，這才是勇氣。

神鬼戰士的精神，就如同特斯拉汽車執行長馬斯克，他是這樣形容創立公司的感覺：「就像是嚼著玻璃望進深淵。」他在2008年時，把所有的積蓄投入特斯拉汽車，當時面臨金融海嘯，一心想要做好電動車的他，卻沒有人看好，認為一個靠網路起家的人有辦法把汽車產業做起來嗎？面臨公司快要破產前，他在董事會裡發表承諾：「如果特斯拉失敗了，他會把所有的錢悉數歸還。」這句話打動了投資人，包含史提夫·裘維森決定出資。史蒂夫·裘維森曾與賈伯斯在NeXT及蘋果電腦共事過。

新的想法會與舊的思維有所牴觸，習慣於舊思維的人會對於你的點子有所批評，以鞏固他們對於舊思維的認知，這時的神鬼戰士，需要勇敢的站出來面對批評。

批評你點子的人也有一種可能，因為他們無法連結到你的藝術家腦中的畫面，他們無法進入到你的想像世界。此時，如何

讓他們了解你的點子，就拿出名偵探福爾摩斯敏銳的觀察力和推理能力，與抽象畫大師畢卡索的想像力吧！讓批評你點子的人知道，這個新的想法會對於人類有何貢獻，會對於企業的業績有何幫助。

堅持！堅持！再堅持！將創新計畫訴諸行動，直到完成為止。對於堅持的看法，特斯拉汽車執行長馬斯克說：「如果你是一家公司的創辦人或執行長，你必須做各種不想做的事情，再卑微也要做。如果你不做這些分內的討厭工作，公司就不會成功。無論是什麼事，你都得去做。」

創新物語

如果你想要當歌星，就去唱吧！走路的時候唱，洗澡的時候唱，去參加歌手選拔賽吧！

唯有「行動」，才知道你可以到達什麼樣的境界。做你愛做的事情，成功就會跟隨著你。

❖ 判斷力訓練【真假小矮人】的參考答案

阿甘遇到三個小矮人，其中有一個只講真話，一個只講假話，另一個講話半真半假。

請你協助阿甘，分清楚哪個是講真話的小矮人？

阿甘先問甲小矮人：「你是講真話的，還是講假話的，還是講話半真半假的？」甲小矮人回答：「我是講假話的。」

阿甘又問乙小矮人：「甲是什麼小矮人？」乙回答：「甲是

講真話的。」

　　阿甘又問丙小矮人：「甲是什麼小矮人？」丙回答：「甲是講話半真半假的。」

　　參考答案，因為甲小矮人回答：「我是講假話的。」所以，甲小矮人可能是講話半真半假的，也可能是講假話的，他不可能是講真話的。

　　因為乙回答：「甲是講真話的。」所以，乙小矮人可能是講話半真半假的，也可能是講假話的。

　　就剩下丙小矮人，他不是講話半真半假的，也不是講假話的，合理判斷他就是講真話的。

　　丙回答：「甲是講話半真半假的。」所以，乙小矮人就是講假話的。

創意解答試試看

如果開發出一個沒有物性的新產品，該怎麼辦？

「物件元素」、「改變元素」與「想像過程」

4-1 從故事中說明與尋找「物件元素」、「改變元素」與「想像過程」

我們先把第三章所談的重點做個整理，對於這章節的內容會較容易理解。

❖ 創新的靈感

在尋找創新的靈感時，先從人事物的該細微處開始找起。

經過我的研究後發現，所有的創新與發明，其實是由事物的元素所構成，這裡的元素是指可以被分解的事物。

如何尋找創新的靈感：

在尋找創新的靈感時，我們先要觀察「問題」找出「需求感受」，找到之後，分析推理找出適合的「物件元素」、「改變元素」。

再將「物件元素」與「改變元素」搭配後創造出「想像過程」，讓自己進入到想像的世界。

　　當這個「想像過程」符合需求感受並且可以解決該「問題」時，這個「想像過程」就是我們要創新的靈感。

❖ 「物件元素」有哪些呢？

　　「物件元素」是指要創新的對象、輔助創新的對象、改變創新的對象。

　　抽象畫裡的素材，就像是創新需要的「物件元素」，常用的有：原本本體、部分本體、其他本體、其他部分本體，包含這些本體的功能、特色、動作、流程、外觀、形狀、顏色、品質、質感、文字、原理、理論、特質等。

　　什麼是原本本體、部分本體、其他本體、其他部分本體？

　　以筆記型電腦為例，原本本體就是這台筆記型電腦的本身；部分本體就像是這台筆記型電腦的滑鼠、鍵盤、螢幕等；其他本體就是與這台筆記型電腦不相關的事物，例如：信封袋、檯燈等；其他部分本體就是與這台筆記型電腦不相關的事物某部分，例如：信封袋的袋口、檯燈的燈泡等。

❖ 「改變元素」有哪些呢？

　　「改變元素」也就是改變創新對象的模式，讓它成為一種新產品或新服務等。

　　抽象畫裡顏料的變化，就像是創新需要的「改變元素」，改變創新對象的模式，常用的有這16種：放大、縮小、增加、減少（濃縮）、刪除、簡化、分解、重組、結合、交錯、取代、借用、反轉、交換、重複、覆蓋等。

❖ 「想像過程」

在尋找創新的靈感時，「想像過程」就是「物件元素」與「改變元素」的組成模式，讓自己進入到自己的想像世界。

想像如果素材與顏料做某種組合……會怎樣呢？

4-2 什麼是「放大元素」、「縮小元素」？

❖ 「放大元素」

將「物件元素」放大。例如「黃色小鴨（放大版）誕生的故事」。

黃色小鴨是世界知名的浴盆玩具，已經流行數十年，1886年發明第一隻塑膠鴨，1960年代才開始用較硬的中空塑膠製成浮水鴨。

放大版的黃色小鴨，創作人是藝術家霍夫曼，有一天，他在為子女收拾玩具時，發現了一隻黃色小鴨玩具。

他表示：「在地上看事物，相比站起來看，事物像變大了，確實好不同。」如果將它變得很大很大，我們看它的角度，會變得如何呢？事後跟廠商聯絡，與廠商合作製作大型的黃色小鴨，並放在港口、湖泊上。霍夫曼希望能藉由黃色小鴨的展出，勾起大家對於兒時的回憶，把溫柔親切又善良的黃色小鴨，傳達給來觀賞的大眾們，讓充滿生活壓力的現代人，可以藉由黃色小鴨的療癒效果，得到一種幸福的體驗。

由上面的故事，我們來說明與尋找 🖼 素材（物件元素）、🎨 顏料（改變元素）、💭 想像過程。

🖼 素材（物件元素）

「原本本體」：迷你黃色小鴨玩具的本身。

「其他本體」：港口、湖泊（與迷你黃色小鴨玩具不相關的事物）。

🎨 顏料（改變元素）

「放大元素」：將黃色小鴨玩具變得很大很大。

「結合元素」：將巨大的黃色小鴨與港口、湖泊結合。

💭 想像過程

想像將黃色小鴨玩具，變得很大很大，並放在港口、湖泊上供人欣賞，帶給人們「可愛療癒感」、「幸福感」。

❖ 「縮小元素」

將「物件元素」縮小。例如「小人國樂園誕生的故事」。

《格列佛遊小人國記》是愛爾蘭牧師、政治人物與作家喬納森‧斯威夫特以筆名執筆的匿名小說，原名是《厘厘普遊記》。

小人國樂園，創辦人原本是經營養雞場的朱鍾宏，有一次國外旅遊看見荷蘭迷你景觀建築時，他心想：「如果國內也有這樣的專門模型樂園該有多好？荷蘭可以做得到，台灣也可以做得到。」於是回到國內找了專門製造模型的專家，於1977年開始動工，從整地、水土保持、模型製作等，直到小人國樂園的建立，總共努力七年的時間才完成。

朱鍾宏在模型的比例上，堅持園內133座迷你景觀都要依照

原始建築的1/25製作，很多人問他為什麼要堅持這樣的比例，許多國家迷你建築只做1/15啊？他回答：「因為1/25的模型，最能展現出建築物的精緻，如此一來遊客才能欣賞到最完美、最完整的藝術層面，達到『遊玩小人國，認識大世界』的真諦！」

由上面的故事，我們來說明與尋找 🎨 素材（物件元素）、 🍪 顏料（改變元素）、 ☁️ 想像過程。

🎨 **素材（物件元素）**

「原本本體」：原始的建築物。

🍪 **顏料（改變元素）**

「縮小元素」：將原始的建築物縮小成1/25的模型。

☁️ **想像過程**

想像將原始建築物縮小成1/25的模型，這樣子最能展現出建築物的精緻，如此一來遊客才能欣賞到最完美、最完整的藝術層面，達到「遊玩小人國，認識大世界」的真諦！讓來到小人國樂園的遊客有一種「驚奇感」、「好奇感」。

4-3 什麼是「增加元素」、「減少（濃縮）元素」？

❖ 「增加元素」

將原本的「物件元素」增加其他的「物件元素」。例如，《伸縮電蚊拍誕生的故事》。

發明人是作者本人陳建銘，老家雖然住在四樓，蚊蟲還是很多，尤其是在夏天，蚊子在耳朵旁嗡嗡叫之後就往高處或天花板

飛。當時，我的手上拿著一般電蚊拍，就算腳踏在椅子上還是不夠高，打不到天花板上的蚊子，只能看著它逍遙地停在上方。一般我的做法是用抹布往蚊子方向丟，再用眼睛緊盯著它，看看是否會往下飛，等它停留在低處的地方才有辦法打到。

我在想，如果我將電蚊拍的結構加以改良，桿子的部分增加一到兩節改為伸縮桿，電網拍與桿子的接合處，增加折疊的功能，是否就可以解決停留在天花板與高處蚊蟲的困擾。

由上面的故事，我們來說明與尋找 素材（物件元素）、 顏料（改變元素）、 想像過程。

素材（物件元素）

「原本本體」：一般電蚊拍的本身。

「其他本體」的「功能」：伸縮桿、折疊的功能（原本的電蚊拍是沒有這些功能）。

顏料（改變元素）

「增加元素」：桿子的部分增加一到兩節改為伸縮桿。

「增加元素」：電網拍與桿子的接合處，增加折疊的功能。

想像過程

想像將一般的電蚊拍的結構加以改良，桿子的部分改為伸縮桿，電網拍與桿子的接合處，增加折疊的功能，是否就可以解決停留在天花板與高處蚊蟲的困擾。

❖「減少（濃縮）元素」

將原本的「物件元素」減少或是濃縮。例如「一匙靈濃縮洗衣粉的故事」。

在洗衣粉發明前的幾個世紀,肥皂是最普遍的洗滌用品。直至20世紀初,表面活性劑的效用才被發現。1907年,德國漢高公司以硼酸鹽和矽酸鹽為主要原料,首次發明了洗衣粉。

一匙靈濃縮洗衣粉,發明人是日本花王公司。在1980年,洗衣粉已經進入到市場飽和的狀態,當時花王公司的洗衣粉,常常被一些經銷商批評為「沒有利潤」與「技術無法進步」的舊產品。消費者的抱怨電話幾乎是:攜帶不方便、笨重、洗淨力差的洗衣粉。

花王公司藉由批評與抱怨電話重新改善,得知消費者真正的產品需求是要攜帶方便、輕巧、洗淨力強的洗衣粉。他們針對衣服纖維深入研究,經過多年的努力,終於開發一款只要一匙,就能達到潔淨、除菌雙重效果的新世代洗衣粉。當粉末遇水溶解後,進入到衣物纖維深處會釋放出抗菌。一匙靈濃縮洗衣粉其特點是更省水、節約包裝和環保,讓顧客得到的需求感受是一種「清潔感」、「環保感」。

由上面的故事,我們來說明與尋找 🎨 素材(物件元素)、🟤 顏料(改變元素)、☁️ 想像過程。

🎨 **素材(物件元素)**

「原本本體」:舊有的洗衣粉。

🟤 **顏料(改變元素)**

「減少(濃縮)元素」:將舊有的洗衣粉濃縮至原來體積的1/4。

☁️ **想像過程**

想像開發一款只要一匙,就能達到潔淨、除菌等雙重效果的新世代洗衣粉。特點是更省水、節約包裝和環保,讓顧客得到的需求感受是一種「清潔感」、「環保感」。

4-4 什麼是「刪除元素」、「簡化元素」？

❖ 「刪除元素」

將原本的「物件元素」的某部分刪除。例如「填字遊戲誕生的故事」。

世界上第一款填字遊戲誕生於1913年，發明人是報社的編輯韋恩。有一回，報紙馬上要印了，發現還有一個角落開天窗。無計可施的韋恩，想起了一種叫作「魔術方格」的遊戲，它是一款橫縱交錯的字謎遊戲。韋恩於是趕緊拿起筆來在紙上塗鴉，橫縱交錯的寫下一些字，並擦掉某些字母，再增加提示，讓讀者去猜原本是什麼字。韋恩讓遊戲的內容變得更加豐富，很受讀者喜愛，於是填字遊戲成了報紙的重要內容。

在玩填字遊戲時，玩家根據題目所提供的有關信息，將答案填入這些行與列之中，每個方格中只能填入一個字。一般地說，題目給出的每一條信息就是對應的一行或一列的解題線索。

由上面的故事，我們來說明與尋找 🖼 素材（物件元素）、 🎨 顏料（改變元素）、 ☁ 想像過程。

🖼 **素材（物件元素）**

「原本本體」的「文字」：文字交錯的「魔術方格」紙上遊戲（原本已經存在的紙上遊戲本身）。

「部分本體」的「文字」：某些字母、一些提示（原本已經存在的紙上遊戲本身的一部分）。

🎨 **顏料（改變元素）**

「刪除元素」、「增加元素」：將文字交錯的「魔術方格」紙上遊戲中刪除某些字母，再增加一些提示。

☁ **想像過程**

想像將文字交錯的「魔術方格」紙上遊戲，刪除某些字母，再增加一些提示，讓讀者去猜原本是什麼字，引發讀者的好奇心提升購買動機。

❖ 「簡化元素」

將原本的「物件元素」簡化。例如「拍立得相機誕生的故事」。

發明人是企業家藍地，有一次全家旅遊時，他的小孩子吵著要馬上看到剛拍完的相片。藍地向孩子解釋，這些相片要送到照相館處理後才能看的到。在數位相機還未問世前，使用傳統的相機拍完照，必需要拿出裡面的軟片，送到照相館處理，經過顯影、浸濕、沖洗、乾燥等，這些繁瑣的步驟才能印出。

藍地在想，有沒有可能把一些步驟刪除，剩下的步驟讓相機

自己完成。

　　首先，藍地發明一種新軟片相片紙，這種相片紙含有兩個裝有顯影化學劑的袋子。接著發明使用這種軟片相片紙的相機，這種相機在攝取影像時，裡面的滾輪會壓碎袋子，擠出袋子裡的顯影劑會與軟片產生反應，將影像印在相紙上。經過一番努力，發明出馬上可以欣賞到相片的拍立得相機。

　　由上面的故事，我們來說明與尋找 🖼 素材（物件元素）、🎨 顏料（改變元素）、☁ 想像過程。

🖼 **素材（物件元素）**

「原本本體」的「流程」：傳統的軟片需要經過顯影、浸濕、沖洗、乾燥等繁瑣的步驟（原本傳統沖印相片的步驟流程）。

🎨 **顏料（改變元素）**

「簡化元素」、「刪除元素」：藍地在想像，如果在沖印相片時，有沒有可能簡化流程，將一些步驟刪除，剩下的步驟讓相機自己來完成。

☁ **想像過程**

　　想像如果發明一種新軟片相片紙，這種相片紙含有兩個裝有顯影化學劑的袋子。接著發明使用這種軟片相片紙的相機，這種相機在攝取影像時，裡面的滾輪會壓碎袋子，擠出袋子裡的顯影劑會與軟片產生反應。這樣子，有沒有可能將影像即時印在相片紙上呢？

4-5 什麼是「分解元素」、「重組元素」？

❖「分解元素」

將原本的「物件元素」分解。例如「免削鉛筆誕生的故事」。

免削鉛筆是由很多組小段的鉛筆頭組合而成的筆，當最前端的鉛筆心用完或是折斷時，可將最前端的鉛筆頭拔下後，插到筆的最尾端，讓原本在第二節的筆頭往前到最前端，達到替換鉛筆頭的目的。

免削鉛筆，發明人是台灣屏東的漁夫洪勉之，小時候因生長環境困苦，讀書對他而言是一件奢侈的事，雖受教育不高，但是他對子女的求學過程卻十分關心。還替子女上學時要用的鉛筆一枝枝削好，並裝入筆盒內，讓孩子在課堂上能有鉛筆可用，但是當時傳統的鉛筆如果握筆力道不對時筆心易折斷，這讓他時常擔心子女的鉛筆筆心折斷後無法寫字。

有天回家時，將頭上的斗笠脫下並順手丟到一疊斗笠堆，他靈光一閃，對了！鉛筆心如果能做成像斗笠那樣一節一節，要用時一節一節「擠出來」那會怎樣呢？於是從這天起他全心投入研究這項創意。

從構想到取得專利，此時這位台灣漁夫已是50歲的人了！

由上面的故事，我們來說明與尋找 🎨 素材（物件元素）、🎨 顏料（改變元素）、☁️ 想像過程。

🎨 **素材（物件元素）**

「原本本體」：一般鉛筆的本身。

「其他本體」：一節一節的斗笠。

🎨 **顏料（改變元素）**

「分解元素」：就像是一節一節的斗笠一樣，將鉛筆分解成一節一節的鉛筆頭。

☁️ **想像過程**

想像鉛筆分解成一節一節的鉛筆頭，當最前端的鉛筆心用完或是折斷時，可將最前端的鉛筆頭拔下後，插到筆的最尾端，讓原本在第二節的筆頭往前到最前端，達到替換鉛筆頭的目的，帶給人們「便利感」。

❖ 「重組元素」

將原本的「物件元素」和其他的「物件元素」重新組合、重新包裝。例如「可口可樂誕生的故事」。

可口可樂的神祕配方 "7X"，至今除了持有人家族之外無人知曉，可口可樂公司也會嚴密防止自己的員工偷竊配方。

發明人是藥劑師潘柏登，他原本想要做一種可以讓人提神醒腦、消除緊張的藥水，裡面加了焦糖、可可葉、可樂子等十幾種成分。卻誤打誤撞將碳酸水與蘇打水攪在一起，做出一種很美味可口的藥水。1886年，可口可樂原作為藥物出售，潘柏登聲稱

可口可樂治癒許多疾病，包括嗎啡成癮、消化不良、神經衰弱和頭痛。在亞特蘭大的藥房首賣，放在蘇打汽水桶裡出售，每杯可口可樂售價為5美分。開張的第一年，可口可樂公司僅售出了400杯。之後，潘柏登與合夥人絞盡腦汁把可口可樂重新組合包裝，特別設計出獨特的曲線型玻璃瓶，當作飲料瓶裝來賣，日後成了人們最喜歡的碳酸飲料之一。

　　由上面的故事，我們來說明與尋找 🖼 素材（物件元素）、🎨 顏料（改變元素）、☁ 想像過程。

🖼 **素材（物件元素）**

「原本本體」的「外觀」：一杯一杯賣的藥水（原本的外觀是杯子形狀）。

「其他本體」的「外觀」：特別設計出獨特的曲線型玻璃瓶（不一樣的玻璃瓶形狀）。

🎨 **顏料（改變元素）**

「重組元素」：特別設計出獨特的曲線型玻璃瓶將產品重新包裝。

☁ **想像過程**

　　想像把可口可樂重新組合包裝，特別設計出獨特的曲線型玻璃瓶，當作瓶裝飲料來賣，改變人們對於可口可樂的形象，它是好喝的飲料，它不再是藥水了！

4-6 什麼是「結合元素」、「交錯元素」？

❖「結合元素」

　　將原本的「物件元素」結合其他的「物件元素」。例如「便利貼誕生的故事」。

　　發明人是科學家‧希爾佛與佛萊，科學家希爾佛原本想要發明一種超黏的膠水，很不巧地正好相反，他做出來的卻是超不黏的膠水，幾乎黏不住其他東西，希爾佛不知道這種膠水是要應用在哪裡，只好把這種膠水往倉庫裡放。

　　四年後的某個星期日，另一個科學家佛萊，在教堂唱詩歌做禮拜時。佛萊會將唱詩歌的重點寫在便條紙上，並用迴紋針夾住便條紙放在詩歌本裡，但是，便條紙時常會掉下來，影響到他唱詩歌的情緒。

　　佛萊想到希爾佛發明的超不黏膠水，於是將它噴在便條紙上當作書籤，經改良後，使黏貼在紙上的書籤，撕下來後不留痕跡。並且運用免費試用的行銷方式，人們找到了便利貼不同的用途，創造出空前的熱賣。

　　由上面的故事，我們來說明與尋找 🎨 素材（物件元素）、🎨 顏料（改變元素）、☁️ 想像過程。

🎨 **素材（物件元素）**

「原本本體」：便條紙（原本本身）。

「其他本體」的「特色」：超不黏膠水的特色（希爾佛發明的超不黏膠水）。

🎨 **顏料（改變元素）**

「結合元素」：佛萊想到希爾佛研發的超不黏的膠水，如果便條紙結合超不黏的膠水呢？

☁️ **想像過程**

　　想像如果便條紙結合超不黏膠水的特色，可以方便地貼在想要貼的地方，撕下來時又不留痕跡，是不是很方便呢？

❖ 「交錯元素」

　　將「物件元素」的某部分交錯。例如「魔術方塊誕生的故事」。

　　發明人是建築系教授盧比克。當初發明魔術方塊的動機，是要把它當做空間幾何的教材使用，讓學生們可以看清楚這些小方塊的移動。魔術方塊是一個非常奇特的結構，它是一個三階立方體，有六個面，每個面都有一種顏色。由26個小方塊和一個三維十字連接軸組成。其中包含6個處於面中心無法移動的方塊、12個邊塊和8個角塊。

　　盧比克教授在這些小方塊的表面上，塗上了不同的顏色，這樣學生們就能一目了然每個方塊的轉動，可以瞭解到什麼是空

間幾何。後來誤打誤撞，魔術方塊成為一種益智玩具，它的遊戲規則是在打亂之後，用最快的時間復原到最初的位置，總共有4,300億種的變化。英文官方名字叫做Rubik's Cube，也就是用盧比克教授的名字命名，是目前最普遍和最原始的魔術方塊種類。

　　魔術方塊在1980年最為風靡，至今未衰。根據估計，魔術方塊自1977年上市之後在全世界已經售出了3億多個。可算是益智玩具史上最了不起的發明，沒有任何一項益智玩具的銷售量能夠超越它。

　　由上面的故事，我們來說明與尋找 🖼 素材（物件元素）、🎨 顏料（改變元素）、☁ 想像過程。

🖼 **素材（物件元素）**

「其他本體」的「顏色」：六面顏色的小方塊（非原本的空
　　　　　　　　　　　間幾何教科書）。

🎨 **顏料（改變元素）**

「交錯元素」：做一個三階六面的立方體，當其中一面顏色
　　　　　　　的小方塊移動時，其他三個面顏色的小方塊
　　　　　　　也會交錯跟著移動。

☁ **想像過程**

　　想像如果在這些小方塊的表面上，塗上了不同的顏色，
這樣學生們就能一目了然每個方塊的轉動，可以瞭解到什麼
是空間幾何。

4-7 什麼是「取代元素」、「借用元素」？

❖ 「取代元素」

　　將其他的「物件元素」取代原本的「物件元素」。例如「迴轉壽司誕生的故事」。

　　日本的傳統壽司店為了保持壽司的新鮮口感，往往是根據客人的點餐現做的，這樣一來，就需要消耗時間，而如果客人多起來廚師明顯不夠用的話，等待的時間就要更長了。

　　發明人白石義明，當時他經營的壽司店就是因為生意太好，時常會人手不足。

　　他在想，有什麼機器可以取代人力？在服務上節省時間呢？

　　有一次去參觀啤酒廠，看到啤酒瓶運輸帶，靈機一動，將這種概念引用到壽司店中，運輸帶的轉動會帶動壽司盤，繞著固定的線路迴轉。客人只要坐在座位上，不用請服務生過來點餐，也不用起來走動取餐，就可以自己選擇喜歡吃的食物，想吃什麼就拿什麼，相當受到消費者的歡迎。

由上面的故事，我們來說明與尋找　🖼 素材（物件元素）、🍪 顏料（改變元素）、☁ 想像過程。

🖼 **素材（物件元素）**

「原本本體」的「動作」：壽司店裡的服務員替客人點餐、送餐的動作（原本壽司店裡的運作模式）。

「其他本體」的「動作」：啤酒瓶運輸帶的轉動方式（非原本壽司店裡的運作模式）。

🍪 **顏料（改變元素）**

「取代元素」：將啤酒瓶運輸帶的轉動方式用在壽司店裡，運輸帶的轉動會帶動壽司盤，繞著固定的線路迴轉，取代服務員替客人點餐、送餐的動作。

☁ **想像過程**

想像如果客人只要坐在座位上，不用請服務生過來點餐，也不用起來走動取餐，就可以自己選擇喜歡吃的食物，改善壽司店裡人手不足的問題。

❖ 「借用元素」

借用其他的「物件元素」，來解決克服原本的「物件元素」的問題。例如「影印機誕生的故事」。

發明人是專利分析師卡爾森，因工作的關係，他每天都要花很多時間寫字與重畫客戶的原稿原圖，更不幸的是，他有深度近視。

當時複製文件的方法除了手工描繪之外，另一種方法就是先給原稿拍照，再到暗房裡用化學藥劑沖洗底片，最後還要曬印相片，這種複製文件的方法，除了過程複雜外，還很花時間。

　　他研究攝影和複製的方法，如何將原稿文件複製在其他的紙上。有一天，他找到了一份由匈牙利某位科學家所記述的文章，其中一段「帶電粒子會附著在帶有電荷極性，與該粒子相反的紙類表面上」的說法，引起卡爾森探索的興趣。卡爾森在住家的廚房裡使用玻璃板、金屬板以及各種化學藥劑，做靜電與複印的實驗，經過一番努力，發明了影印機。

　　後來，有一家公司原願意在卡爾森的發明上共同合作，這家公司就是全球知名的影印機製造商全錄公司。

　　由上面的故事，我們來說明與尋找 🖼 素材（物件元素）、🍪 顏料（改變元素）、☁ 想像過程。

🖼 **素材（物件元素）**

「原本本體」的「動作」：要花很多時間寫字，與重畫客戶的原稿原圖的問題（原本的工作模式）。

「其他本體」的「理論」：匈牙利科學家所記述的文章，電荷極性的特色（非原本本身的理論）。

🍪 **顏料（改變元素）**

「借用元素」：借用匈牙利科學家所記述的文章，電荷極性的特色，來解決克服要花很多時間寫字，與重畫客戶的原稿原圖的問題。

☁ **想像過程**

　　想像著借用匈牙利科學家所記述的文章，電荷極性的特色，在住家的廚房裡使用玻璃板、金屬板以及各種化學藥劑，做靜電與複印的實驗，經過一番努力，發明了影印機。

4-8 什麼是「反轉元素」、「交換元素」？

❖ 「反轉元素」

　　將原本的「物件元素」反轉。例如「口服避孕藥誕生的故事」。

　　避孕藥的問世在西方國家顯著改變了性生活觀念和女性角色。1973年，傑拉西因對新型避孕藥的貢獻而獲得美國科技成就的最高獎項「國家科學獎」。

　　口服避孕藥，發明人是化學家傑拉西，1955年，時任某殺蟲劑公司的董事長，正擔憂某產品可能會對社會大眾的健康及經濟景氣造成不良的影響時，構想出把目標指向出生而非死亡的方式，「與其殺死已經長成的害蟲，何不抑止他們繁殖呢？」於是產生了開發口服避孕藥的靈感。

　　傑拉西終於在墨西哥城首次研發成功避孕藥，合成世界上第一種類固醇口服避孕藥。這類藥物因含有女性性激素和黃體酮的合成成分，通過阻止排卵防止懷孕。傑拉西因主導研發了口服避孕藥而聞名，被稱作「避孕藥之父」。

由上面的故事，我們來說明與尋找 🖼 素材（物件元素）、 🫘 顏料（改變元素）、 ☁ 想像過程。

🖼 **素材（物件元素）**

「其他本體」的「流程」：開發殺蟲劑的過程。

🫘 **顏料（改變元素）**

「反轉元素」：把目標指向出生而非死亡的方式。

☁ **想像過程**

從開發殺蟲劑的過程中，構想出「與其殺死已經長成的害蟲，何不抑止它們繁殖呢？」想像把目標指向出生而非死亡的方式，是否也可以用在人類的避孕上，帶給人們一種「安全感」。

❖ 「交換元素」

將原本的「物件元素」與其他的「物件元素」交換。例如「麥當勞誕生的故事」。

麥當勞是源自美國南加州的跨國連鎖快餐店，也是全球最大的快餐連鎖店，擁有約3萬2千間分店，是全球餐飲業中知名度最高的品牌。

1940年，創辦人麥當勞兄弟，在美國加州聖貝納迪諾開設了第一家麥當勞餐館。當時，汽車剛進入美國家庭。人們在駕車外出時，喜歡在路邊的餐館買方便食品，不用下車就可以在自己的車裡自在的用餐。而兄弟倆了解顧客的需求，一是快速，二是廉價。於是決定把經營的重點放在漢堡包上。他們覺得，他們的主要餐點有漢堡、薯條和可樂，都是一些輕便的食物。客人們與其

坐在座位等著服務員來送餐，還不如在櫃台前面排隊，選擇自己喜愛的餐點，付款取餐後再找位子坐下來慢慢享用。這樣的服務模式在當時是一大創舉，並將它取名為「快速餐飲服務系統」。之後，也首創多項創新服務，現今許多特點就是由這對兄弟發明（如紙餐具、特殊人員編制、送玩具等）。

由上面的故事，我們來說明與尋找 🎨 素材（物件元素）、🎨 顏料（改變元素）、💭 想像過程。

🎨 **素材（物件元素）**

「原本本體」的「動作」：客人們坐在座位等著服務員來送餐（原本是服務員做的事情）。

「其他本體」的「動作」：客人們在櫃台前面排隊，選擇自己喜愛的餐點，付款取餐後再找位子坐下來慢慢享用（客人們做的事情）。

🎨 **顏料（改變元素）**

「交換元素」：替客人點餐、送餐、收拾桌面等服務，原本是員工的工作，這些工作內容換成是客人自己動手作。

💭 **想像過程**

想像客人在櫃台前面排隊，選擇自己喜愛的餐點，付款取餐後再找位子坐下來慢慢享用。用餐完後，再將自己的桌面清理乾淨。

4-9 什麼是「重複元素」、「覆蓋元素」？

❖ 「重複元素」

　　將原本的「物件元素」重複。例如「統一超商的集點促銷」。

　　消費滿額送、集點換贈品這類行銷活動，只要贈品是限量、獨家、具話題性的，這套是從香港便利商店傳到台灣的行銷手法，是從2005年開始。

　　集點促銷手法首創者是統一超商，從2005年統一超商推出Hello Kitty磁鐵開始，這十多年來，集點促銷不但沒有退流行，反而逐漸從行銷的配角轉為營收的主力，帶動通路的銷售業績。

　　這類行銷活動是消費滿額就送一張貼紙，集滿特定數量的貼紙就送贈品。消費者時常為了某項贈品，會特地重複到同一系列的連鎖超商購買，並盡可能購買到可以送貼紙的金額。

　　近年來，集點促銷除了角色的選擇外，贈品的種類也相當重要，現在的集點贈品不但要可愛還要實用，從各通路廠商推出的商品可以看出「實用性」日益被強調。過去的集點贈品可能是磁鐵、公仔等，近年開始轉為生活、居家或辦公的相關用品。

> 由上面的故事，我們來說明與尋找 🖼 素材（物件元素）、🎨 顏料（改變元素）、☁ 想像過程。
>
> 🖼 **素材（物件元素）**
>
> 「原本本體」的「動作」：原本單純的消費行為。
>
> 「其他本體」的「特色」：限量、獨家、具話題性的贈品。
>
> 🎨 **顏料（改變元素）**
>
> 「重複元素」：消費者為了某項贈品，會特地重複到同一系
>
> 列的連鎖超商購買、消費。
>
> ☁ **想像過程**
>
> 想像舉辦消費滿77元贈送Hello Kitty磁鐵的集點促銷活動，消費者會為了贈品是限量、獨家、具話題性的，特地重複到我們的連鎖超商購買、消費，並盡可能購買到可以送貼紙的金額，帶動通路的銷售業績。

❖ 「覆蓋元素」

　　將其他的「物件元素」覆蓋到原本的「物件元素」。例如「修正液誕生的故事」。

　　修正液，又稱塗改液、立可白，是一種白色不透明顏料，塗抹在紙上以遮蓋錯字，乾涸後可於其上重新書寫。

　　發明人是銀行的秘書葛拉涵，她自認是一個很差勁的打字員，用打字機時經常打錯字，使得整份文件亂七八糟。

　　她無意間找到補救的方法，自己調了一瓶白色顏料，用一支小刷子把錯字塗上顏料，解決了文件骯髒的困擾，發明了立可

白，也因此建立了自己的事業王國。立可白在電腦的文字處理器軟體被發明之前，讓打字或寫作的工作變得更加方便。

由上面的故事，我們來說明與尋找 🎨 素材（物件元素）、🫐 顏料（改變元素）、☁️ 想像過程。

🎨 **素材（物件元素）**

「部分本體」的「文字」：文件的錯字（打錯了原本部分的字）。

「其他本體」的「顏色」：一瓶白色顏料、一支小刷子（與原本的打字機沒有關聯）。

🫐 **顏料（改變元素）**

「覆蓋元素」：將打錯的字用白色顏料覆蓋上去。

☁️ **想像過程**

想像如果調了一瓶白色顏料，用一支小刷子把錯字塗上顏料，覆蓋上去，是不是就可以解決了文件骯髒的困擾？

創意解答試試看

如何取代賈伯斯的行銷？

用故事尋找你要的創新靈感 「靈感實現流程圖」

5-1 創新有步驟嗎？靈感實現流程圖

❖ 創新的步驟

在第三章節裡有談到的「角色扮演法」，從「靈感」的孵化到「創新」的實現，在創新的過程中，我們的大腦需要扮演：**偵探、抽象畫大師、裁判、神鬼戰士**這四種角色，每個角色都賦予著不同的任務。

創新有步驟嗎？這四種角色中誰要先出現呢？哪些步驟一定要做呢？經過長期的研究與驗證，我發現創新是有步驟，這四種角色在每個步驟中，他們有各自要發揮的功能與工作內容，我將這些步驟取名為「靈感實現流程圖」。無論是賈伯斯的創新行銷、可口可樂的誕生、迴轉壽司的發明、黃色小鴨放大版的展示等，很多很多成功的創新與發明都有相同的步驟，將這些步驟與技巧整理出來，之後，想要尋找創新靈感的人，不再是一件可遇而不可求的事了！

我們整理一下，在創新的過程中，這四種角色主要的任務。

❖ 偵探福爾摩斯的任務

偵探福爾摩斯在創新思考中主要做的兩件事：

<u>一、透過觀察，提出一個好問題。</u>

<u>二、合理的推理，找出使用者想要的需求感受。</u>

福爾摩斯常用的「需求感受」有這幾種：便利感、即時感、驚奇感、自主感、趣味感、獨特感、清潔感、簡單感、幸福感、務實感、好奇感、安全感、可愛療癒感、輕鬆舒適感、健康環保感、新鮮美味感、時尚高雅感、貼心親切感等。

❖ 抽象畫大師畢卡索的任務

抽象畫大師畢卡索在創新思考中主要做的兩件事：

<u>一、問自己：「如果這樣……會怎樣呢？」尋找適合的素材與顏料。</u>

<u>二、創造畫面，將「想像過程」畫出來。</u>

畢卡索常用的素材「物件元素」有這幾種：原本本體、部分本體、其他本體、其他部分本體，包含這些本體的功能、特色、動作、流程、外觀、形狀、顏色、品質、質感、文字、原理、理論、特質等。

畢卡索常用的顏料「改變元素」有這16種：放大、縮小、增加、減少（濃縮）、刪除、簡化、分解、重組、結合、交錯、取代、借用、反轉、交換、重複、覆蓋等。

畢卡索的「想像過程」就像是一副充滿情感的抽象畫作，先要選對了素材「物件元素」，再用顏料將素材作一些改變的「改變元素」，這兩種元素組成後的點子，必須符合使用者想要

的需求感受。

❖ 裁判的任務

在創新的過程中，主要的工作是負責裁定和判決，發揮判斷力，判斷這個點子是否還要繼續執行。當偵探搜尋在市面上，沒有既有的某項專利、技術、商品或方法，可以解決你的困擾時，裁判先不要急著否定創意點子。

❖ 神鬼戰士的任務

在創新這條路上，你要成為一名戰士，一名對於自己目前在做的事情，充滿熱情的神鬼戰士，並且用熱情、行動、勇氣與堅持的力量，覆蓋你在創新過程中的艱難辛苦。

❖ 7個步驟，產生靈感的火花

許許多多成功的創新與發明都有相同的步驟，我將這些步驟整理出來取名為「靈感實現流程圖」，用裡面7個步驟來產生靈感的火花。在此，先以「賈伯斯的創新行銷」做說明，如下：

透過觀察，提出一個好問題

扮演角色：偵探

發揮功能：觀察

工作內容：觀察某件讓你產生困擾、疑惑的事。

↓

賈伯斯在困擾著，要如何在產品發表會上，讓觀眾體驗到「Mac Book Air」這款筆電的超薄？

步驟 1

扮演角色：偵探

發揮功能：搜尋

工作內容：搜尋在市面上，是否已經有某項專
　　　　　利、技術、商品或方法，可以解決你
　　　　　的困擾？

⬇

　　賈伯斯搜尋以往其他人的產品發表會上，有
什麼方法可以解決這個困擾。

步驟 2

扮演角色：裁判

發揮功能：判斷

工作內容：判斷結果，沒有，一般廠商的產品發
　　　　　表會上，都是將筆電放置於展示架
　　　　　上。但是，這樣子是無法展現「Mac
　　　　　Book Air」這款筆電的超薄。

步驟 3

　　「靈感實現流程圖」的第2個與第3個步驟是在做確保動作，
有時候我們想到了很棒的點子，將它辛苦地製造出來之後，才發
覺不小心觸犯到他人的專利。

　　假如，搜尋的結果，沒有某項專利、技術、商品或方法，
可以解決你的困擾，再請繼續執行第4個步驟；假如，搜尋的結
果，某項專利、技術、商品或方法，已經可以解決你的困擾，在

合法的情形下，你可以選擇參考使用，就不須繼續執行第4個步驟，因這個已經不算是創新的技術、商品或方法了！

合理的推理，找出使用者想要的需求感受

扮演角色：偵探

發揮功能：推理、情感

工作內容：從這件困擾中，找出需求的感受。

⬇

　　賈伯斯在推理，在產品發表會上，使用者（觀眾）想要看到的需求感受是「平淡無奇」的相反：「不同凡響」、「驚奇感」。

步驟 4

　　「需求感受」，就是要替消費者創造出選擇你的理由。

　　有時候不是產品不好，也不是服務不好，而是「需求感受」放錯了！失敗的商業模式，往往是放錯了「需求感受」，例如：使用者想要的感受是「簡單感」，卻放了一個「複雜感」。

　　「需求感受」恰好與使用者在產品或服務上，感到困擾的相反感受。

　　合理的推理，不只是要找出使用者想要的需求，真正是要推理這個需求，背後藏著什麼感受。

扮演角色：偵探

發揮功能：分析

工作內容：分析困擾的內容。

⬇

　　賈伯斯在分析，「Mac Book Air」主要在強調超薄。我如果拿一樣超薄的東西包住這台筆電，並且觀眾都明白這東西很薄，大家看到筆電居然可以裝入在這東西裡面，觀眾自然就能體驗到「Mac Book Air」的超薄。

步驟 **5**

問自己：「如果這樣……會怎樣呢？」

→尋找適合的素材與顏料

扮演角色：抽象畫大師

發揮功能：回憶、想像

工作內容：有哪些適合的素材（物件元素）與顏料（改變元素），可以解決困擾。

　素材（物件元素）：A4大小信封袋、筆電展示架。

　顏料（改變元素）：取代

　　賈伯斯想到這東西用很薄的A4大小信封袋，如果用信封袋取代筆電展示架呢？

步驟 **6**

就像是〈3-8畢卡索的想像力原料有什麼？〉裡面所談到，素材就是「物件元素」，指的是要創新的對象或是提供改變的事物。這裡原有的「物件元素」是筆電展示架，新的「物件元素」是信封袋。

顏料就是「改變元素」，指的是要改變創新對象的方法、模式，這裡的「改變元素」是用「取代」。

創造畫面，將「想像過程」畫出來

扮演角色：抽象畫大師

發揮功能：創造、畫面

工作內容：如果素材與顏料做某種組合……會怎樣呢？

↓

如果自己拿著A4大小的信封給觀眾看，並從薄薄的信封袋裡，緩慢地拿出筆電，讓觀眾大吃一驚，展現「不同凡響」，原來筆電可以變得這麼薄。

步驟 **7**

「想像過程」就像是一副充滿情感的抽象畫作，先要選對了素材「物件元素」，再用顏料將素材作一些改變的「改變元素」，這兩種元素組成後的點子，必須符合使用者想要的需求感受。

想像如果將某些素材與某些顏料，做某種組合……會怎樣呢？

抽象畫的風格，取決於素材與顏料的搭配。創新思考的想像力，取決於「物件元素」與「改變元素」的組成。

❖ 11個步驟，創造出靈感的實現

　　從步驟1的觀察，觀察某件讓你產生困擾、疑惑的事，到步驟7的創造畫面，將「想像過程」畫出來。藉由這7個步驟，讓我們有技巧的產生靈感的火花，也是本書的重點之一。

　　步驟8與步驟10扮演的角色都是裁判，步驟8的工作內容是判斷靈感的火花，有沒有解決你的困擾，並且符合需求感受？步驟10的工作內容是判斷靈感的雛型，有沒有解決你的困擾，並且符合需求感受？這兩個步驟都是在做確保的動作。如果沒有解決你的困擾，並且符合需求感受，再回到步驟5讓偵探重新分析，分析困擾的內容。

　　步驟9與步驟11扮演的角色都是神鬼戰士，步驟9的工作內容是創造出靈感的雛型，例如：繪製草圖、初步樣品規劃、設計、測試、實驗、修改等。步驟11的工作內容是創造出靈感的實現，例如：創新的商品雛型、創新的商業模式、創新的設計、創作、行銷、包裝、教學等。神鬼戰士的工作內容：用熱情、行動、勇氣與堅持，實現腦海中的創新點子。賈伯斯大膽地用一般便宜的A4大小的信封袋，包著花了許多時間、金錢與人力所開發的「Mac Book Air」，來強調這款筆電的超薄，如果換成是我們，會有勇氣做這樣的創新行銷嗎？

　　完整的創新步驟，從步驟1到步驟11所需扮演的角色、功能與工作內容，如下圖的「靈感實現流程圖」。我們這本書的重點是強調，如何找到創新的靈感。所以，在後面的案例裡，會以達到步驟7產生「靈感火花」為主，抽象畫大師的工作內容，如果將這些素材與顏料做某種組合⋯⋯會怎樣呢？

步驟	角色	功能	工作內容
1.		觀察	觀察某件讓你產生困擾、疑惑的事。
2.		搜尋	搜尋在市面上，是否已經有某項專利、技術、商品或方法，可以解決你的困擾？
3.		判斷	沒有，或者是還需要改善　　有，並且符合需求
4.		推理情感	從這件困擾中，找出需求的感受。
5.		分析	分析困擾的內容。
6.		回憶想像	有哪些適合的素材(物件元素)與顏料(改變元素)，可以解決困擾？
7.		創造畫面	靈感火花　如果將這些素材與顏料做某種組合...會怎樣呢？
8.		判斷	有解決你的困擾，並且符合需求感受。　沒有解決
9.		執行	靈感雛形　例如繪製草圖、初步樣品規劃、設計、測試、實驗、修改等。
10.		判斷	有解決你的困擾，並且符合需求感受。　沒有解決
11.		執行	靈感實現　例如創新的商品雛型、創新的商業模式、創新的設計、創作、行銷、包裝、教學等。

5-2 如何讓新產品大受歡迎？

可口可樂的由來
影片（資料來
源：可口可樂
公司）

❖ 藉由「可口可樂誕生的故事」，運用
「重組」的改變元素，尋找你要的
創新靈感

　　可口可樂的神祕配方 "7X"，至今除了持有人家族之外無人知曉，可口可樂公司也會嚴密防止自己的員工偷竊配方。

　　發明人是藥劑師‧潘柏登，他原本想要做一種可以讓人提神醒腦、消除緊張的藥水，裡面加了焦糖、可可葉、可樂子等十幾種成分。卻誤打誤撞將碳酸水與蘇打水攪在一起，做出一種很美味可口的藥水。1886年，可口可樂原作為藥物出售，潘柏登聲稱可口可樂治癒許多疾病，包括嗎啡成癮、消化不良、神經衰弱和頭痛。在亞特蘭大的藥房首賣，放在蘇打汽水桶裡出售，每杯可口可樂售價為五美分。開張的第一年，可口可樂公司僅售出了400杯。後來潘柏登與合夥人絞盡腦汁把可口可樂重新組合包裝，特別設計出獨特的曲線型玻璃瓶，當作飲料瓶裝來賣，日後成了人們最喜歡的碳酸飲料之一。

　　我們運用「靈感實現流程圖」的步驟，推測當時潘柏登的大腦裡的這四種角色，是如何實現創新的點子？

透過觀察，提出一個好問題

扮演角色：偵探

發揮功能：觀察

工作內容：觀察某件讓你產生困擾、疑惑的事。

↓

　　潘柏登在亞特蘭大的藥房首賣，每杯可口可樂售價為五美分。開張的第一年，可口可樂公司僅售出了400杯，這件事讓潘柏登很困擾。

步驟 *1*

扮演角色：偵探

發揮功能：搜尋

工作內容：搜尋在市面上，是否已經有某項專利、技術、商品或方法，可以解決你的困擾？

↓

搜尋有什麼技術或方法，可以解決這個銷售困擾？

步驟 *2*

扮演角色：裁判

發揮功能：判斷

工作內容：目前沒有人將藥水當成飲料來銷售。

步驟 *3*

合理的推理，找出使用者想要的需求感受

扮演角色：偵探

發揮功能：推理、情感

工作內容：從這件困擾中，找出需求的感受。

⬇

　　潘柏登在推理，可口可樂雖然很獨特、很好喝，但是，它還是藥水。人們會顧慮到安不安全，不想要將藥水當成飲料喝，人們想要的是可口可樂就是好喝的飲料，需求感受是要一種「安全感」、「獨特感」、「美味感」。

步驟 **4**

扮演角色：偵探

發揮功能：分析

工作內容：分析困擾的內容。

　　潘柏登在分析，可口可樂雖然很獨特、很好喝，但是，它還是藥水。人們會顧慮到安不安全，不想要將藥水當成飲料喝。

　　將可口可樂放在藥房的蘇打汽水桶裡出售，一杯一杯賣太慢了！需要重新包裝，並且改變人們對於可口可樂的形象，就從外觀開始著手。

步驟 **5**

問自己：「如果這樣…會怎樣呢？」

→**尋找適合的素材與顏料**

扮演角色：抽象畫大師

發揮功能：回憶、想像

工作內容：有哪些適合的素材（物件元素）與顏料（改變元素），可以解決困擾。

素材（物件元素）

「原本本體」：一杯一杯賣的藥水。

「外觀」：特別設計出獨特的曲線型玻璃瓶。

顏料（改變元素）

「重組元素」：特別設計出獨特的曲線型玻璃瓶，將產品重新包裝，改變人們對於可口可樂的形象，它是好喝的飲料，它不再是藥水了！

步驟 6

創造畫面，將「想像過程」畫出來

扮演角色：抽象畫大師

發揮功能：創造、畫面

工作內容：如果素材與顏料做某種組合…會怎樣呢？

想像過程

　　想像把可口可樂重新組合包裝，特別設計出獨特的曲線型玻璃瓶，當作瓶裝飲料來賣，日後成了人們最喜歡的碳酸飲料之一。可口可樂會如此大受歡迎，曲線型玻璃瓶必定是其中一項重要的功臣。

步驟 7

扮演角色：神鬼戰士

發揮功能：執行

工作內容：用熱情、行動、勇氣與堅持，實現腦
　　　　　海中的創新點子。

↓

　　潘柏登用熱情、勇氣的力量，將美味可口的
藥水分享給大眾，並設計出獨特的曲線型玻璃瓶，
重新包裝成瓶裝飲料來賣，讓新產品大受歡迎。

步驟
9 與 **11**

5-3 如何解決人手不足的問題？

迴轉壽司的由來
影片（資料來
源：生活集）

❖ 藉由「迴轉壽司誕生的故事」，運用
　「取代」的改變元素，尋找你要的
　創新靈感

　　日本的傳統壽司店為了保持壽司的新鮮口感，往往是根據客
人的點餐現做的，這樣一來，就需要消耗時間，而如果客人多起
來廚師明顯不夠用的話，等待的時間就要更長了。

　　發明人白石義明，當時他經營的壽司店就是因為生意太好，
時常會人手不足。

　　他在想，有什麼機器可以取代人力？在服務上節省時間呢？

　　有一次去參觀啤酒廠，看到啤酒瓶運輸帶，靈機一動，將這
種概念引用到壽司店中，運輸帶的轉動會帶動壽司盤，繞著固定

的線路迴轉。客人只要坐在座位上，不用請服務生過來點餐，也不用起來走動取餐，就可以自己選擇喜歡吃的食物，想吃什麼就拿什麼，相當受到消費者的歡迎。

我們運用「靈感實現流程圖」的步驟，推測當時白石義明的大腦裡的這四種角色，是如何實現創新的點子？

透過觀察，提出一個好問題

扮演角色：偵探

發揮功能：觀察

工作內容：觀察某件讓你產生困擾、疑惑的事。

⬇

　　白石義明當時他經營的壽司店的生意太好，時常會人手不足。

步驟 1

扮演角色：偵探

發揮功能：搜尋

工作內容：搜尋在市面上，是否已經有某項專利、技術、商品或方法，可以解決你的困擾？

⬇

搜尋有什麼技術或方法，可以解決這個困擾？

步驟 2

扮演角色：裁判

發揮功能：判斷

工作內容：沒有，壽司店的客人需要坐在座位
上，等待服務生過來點餐、送餐。

步驟 3

合理的推理，找出使用者想要的需求感受。

扮演角色：偵探

發揮功能：推理、情感

工作內容：從這件困擾中，找出需求的感受。

　　白石義明在推理，如果改變服務模式，創
造出新的需求感受，或許可以解決人手不足的問
題。新的需求感受是「被動服務」的相反：「自
主感」。

步驟 4

扮演角色：偵探

發揮功能：分析

工作內容：分析困擾的內容。

　　為了保持壽司的新鮮口感，往往是根據客人
的點餐現做的，這樣一來，就需要消耗時間，而
如果客人多起來，等待的時間就要更長了。

步驟 5

問自己：「如果這樣……會怎樣呢？」

→尋找適合的素材與顏料。

扮演角色：抽象畫大師

發揮功能：回憶、想像

工作內容：有哪些適合的素材（物件元素）與顏料（改變元素），可以解決困擾。

🎨 素材（物件元素）

「原本本體」的「動作」：壽司店裡的服務員替客人點餐、送餐的動作。

「其他本體」的「動作」：啤酒瓶運輸帶的轉動方式。

🎨 顏料（改變元素）

「取代元素」：將啤酒瓶運輸帶的轉動方式用在壽司店裡，運輸帶的轉動會帶動壽司盤，繞著固定的線路迴轉，取代服務員替客人點餐、送餐的動作。

步驟 **6**

創造畫面，將「想像過程」畫出來。

扮演角色：抽象畫大師

發揮功能：創造、畫面

工作內容：如果素材與顏料做某種組合⋯⋯會怎樣呢？

組合內容：啤酒瓶運輸帶的方式，取代壽司店裡的員工。

　🟢 **想像過程**

　　想像如果客人只要坐在座位上，不用請服務生過來點餐，也不用起來走動取餐，就可以自己選擇喜歡吃的食物，改善壽司店裡人手不足的問題。

步驟 7

扮演角色：神鬼戰士

發揮功能：執行

工作內容：用熱情、行動、勇氣與堅持，實現腦海中的創新點子。

⬇

　　白石義明用熱情、行動的力量，將啤酒瓶運輸帶這種概念引用到壽司店中，取代服務員替客人點餐送餐的動作，解決人手不足的問題。

步驟 9 與 11

5-4 如何從舊商品中創造出新價值？

黃色小鴨 影片
（資料來源：高雄市政府）

❖ 藉由「黃色小鴨（放大版）誕生的故事」，運用「放大、結合」的改變元素，尋找你要的創新靈感

　　黃色小鴨是世界知名的浴盆玩具，已經流行數十年，1886年發明第一隻塑膠鴨，1960年代才開始用較硬的中空塑膠製成浮水鴨。

　　放大版的黃色小鴨，創作人是藝術家霍夫曼，有一天，他在為子女收拾玩具時，發現了一隻黃色小鴨玩具。

　　他表示：「在地上看事物，相比站起來看，事物像變大了，確實好不同。」如果將它變得很大很大，我們看它的角度，會變得如何呢？事後跟廠商聯絡，與廠商合作製作大型的黃色小鴨，並放在水面上。霍夫曼希望能藉由黃色小鴨的展出，勾起大家對於兒時的回憶，把溫柔親切又善良的黃色小鴨，傳達給來觀賞的大眾們，讓充滿生活壓力的現代人，可以藉由黃色小鴨的療癒效果，得到一種幸福的體驗。

　　我們運用「靈感實現流程圖」的步驟，推測當時霍夫曼的大腦裡的這四種角色，是如何實現創新的點子？

透過觀察，提出一個好問題

扮演角色：偵探

發揮功能：觀察

工作內容：觀察某件讓你產生困擾、疑惑的事。

⬇

　　霍夫曼蹲著看黃色小鴨玩具，他表示：「在地上看事物，相比站起來看，事物像變大了，確實好不同。」疑惑的在想，如果將它變得很大很大，我們看它的角度，會變得如何呢？

步驟 1

扮演角色：偵探

發揮功能：搜尋

工作內容：搜尋在市面上，是否已經有某項專
　　　　　利、技術、商品或方法，可以解決你
　　　　　的困擾？

⬇

搜尋有什麼技術或方法，可以解決這件疑惑的事？

步驟 2

扮演角色：裁判

發揮功能：判斷

工作內容：目前沒有很大很大的黃色小鴨。

步驟 **3**

合理的推理，找出使用者想要的需求感受

扮演角色：偵探

發揮功能：推理、情感

工作內容：從這件困擾中，找出需求的感受。

　　霍夫曼在推理，讓這隻小小的黃色小鴨玩具變得很大很大，說不定可以讓人幸福，療癒了許多人的心，帶給人們想要的需求感受是「可愛療癒感」、「幸福感」。

步驟 **4**

扮演角色：偵探

發揮功能：分析

工作內容：分析困擾的內容。

　　霍夫曼分析，需要讓這隻黃色小鴨玩具變得很大很大，才會吸引到觀眾前來觀賞。

步驟 **5**

問自己：「如果這樣…會怎樣呢？」

→尋找適合的素材與顏料。

扮演角色：抽象畫大師

發揮功能：回憶、想像

工作內容：有哪些適合的素材（物件元素）與顏料（改變元素），可以解決困擾。

🖼 **素材（物件元素）**

「原本本體」：迷你黃色小鴨玩具。

「其他本體」：港口、湖泊。

🎨 **顏料（改變元素）**

「放大元素」：將黃色小鴨玩具變得很大很大。

「結合元素」：將巨大的黃色小鴨與港口、湖泊結合。

步驟 6

創造畫面，將「想像過程」畫出來

扮演角色：抽象畫大師

發揮功能：創造、畫面

工作內容：如果素材與顏料做某種組合……會怎樣呢？

☁ **想像過程**

霍夫曼想像將黃色小鴨玩具，變得很大很大，並放在港口、湖泊上，帶給人們「可愛療癒感」、「幸福感」。

希望能藉由黃色小鴨的展出，勾起大家對於兒時的回憶，把溫柔親切又善良的黃色小鴨，傳達給來觀賞的大眾們，讓充滿生活壓力的現代人，可以藉由黃色小鴨的療癒效果，得到一種幸福的體驗。

步驟 7

　　霍夫曼於2013年6月在北京澄清：「真正的起點是，我曾經從荷蘭一位畫家的風景畫裡看到一隻鴨子。」霍夫曼表示於2001年時，「橡皮鴨」在其頭腦中僅是一個概念，經過5年才最終誕生。

扮演角色：神鬼戰士

發揮功能：執行

工作內容：用熱情、行動、勇氣與堅持，實現腦
　　　　　海中的創新點子。

　　　⬇

　　霍夫曼用行動、堅持的力量，將5年前「橡皮鴨」在頭腦中的一個概念實現出來，從舊商品中創造出新價值。

步驟 **9** 與 **11**

5-5 如何讓不方便成為方便？

伸縮電蚊拍 影片
（資料來源：聯合影音網）

❖ 藉由「伸縮電蚊拍誕生的故事」，運用「增加」的改變元素，尋找你要的創新靈感

　　發明人是作者本人陳建銘，老家雖然住在四樓，蚊蟲還是很多，尤其是在夏天，蚊子在耳朵旁嗡嗡叫之後就往高處或天花板飛。當時，我的手上拿著一般電蚊拍，腳踩在椅子還是不夠高，打不到天花板上的蚊子，只能看它逍遙地停在上方。一般我的做法是用抹布往蚊子方向丟，再用眼睛緊盯著它，看看是否會往下

飛，停留在低處的地方。

我在想，如果我將電蚊拍的結構加以改良，桿子的部分增加一到兩節改為伸縮桿，電網拍與桿子的接合處，增加折疊的功能，是否就可以解決停留在天花板與高處蚊蟲的困擾。

我們運用「靈感實現流程圖」的步驟，推測當時陳建銘的大腦裡的這四種角色，是如何實現創新的點子？

透過觀察，提出一個好問題
扮演角色：偵探
發揮功能：觀察
工作內容：觀察某件讓你產生困擾、疑惑的事。

陳建銘因蚊子在耳朵旁嗡嗡叫之後就往高處或天花板飛，看的到卻打不到天花板與高處的蚊蟲，這件事令他很困擾。

步驟 1

扮演角色：偵探
發揮功能：搜尋
工作內容：搜尋在市面上，是否已經有某項專利、技術、商品或方法，可以解決你的困擾？

搜尋有什麼技術或方法，可以解決這個困擾？

步驟 2

扮演角色：裁判

發揮功能：判斷

工作內容：沒有，一般我的做法是用抹布往天花
板上的蚊子方向丟，再用眼睛緊盯著
它，看看是否會往下飛，停留在低處
的地方。

步驟 3

合理的推理，找出使用者想要的需求感受

扮演角色：偵探

發揮功能：推理、情感

工作內容：從這件困擾中，找出需求的感受。

陳建銘在推理，當蚊子停在天花板時，需要
用抹布往蚊子身上丟，再用眼睛緊盯著它，看看
是否會往下飛，停留在低處的地方。這時候才有
機會打到，覺得很麻煩，陳建銘想要的需求感受
是一種「便利感」。

步驟 4

扮演角色：偵探

發揮功能：分析

工作內容：分析困擾的內容。

⬇

　　分析困擾的內容，打不到天花板上的蚊子，是因為市面上的電蚊拍它的桿子不夠長，並且我手拿電蚊拍往上舉，與天花板的角度是垂直，所以才會無法打到天花板上的蚊子。

步驟 **5**

問自己：「如果這樣……會怎樣呢？」

→尋找適合的素材與顏料。

扮演角色：抽象畫大師

發揮功能：回憶、想像

工作內容：有哪些適合的素材（物件元素）與顏
　　　　　料（改變元素），可以解決困擾。

 素材（物件元素）

「原本本體」：一般電蚊拍的本身。

「其他本體」的「功能」：伸縮桿、折疊的功能。

顏料（改變元素）

「增加元素」：桿子的部分增加一到兩節改為伸
　　　　　　縮桿。

「增加元素」：電網拍與桿子的接合處，增加折
　　　　　　疊的功能。

步驟 **6**

創造畫面，將「想像過程」畫出來。

扮演角色：抽象畫大師

發揮功能：創造、畫面

工作內容：如果將這些素材與顏料做某種組合……
　　　　　會怎樣呢？

　　 想像過程

　　想像如果我將一般的電蚊拍的結構加以改良，桿子的部分改為伸縮桿，電網拍與桿子的接合處，增加折疊的功能，是否就可以解決停留在天花板與高處蚊蟲的困擾。

步驟 **7**

扮演角色：神鬼戰士

發揮功能：執行

工作內容：用熱情、行動、勇氣與堅持，實現腦
　　　　　海中的創新點子。

　　陳建銘用熱情、行動的力量，將電蚊拍的結構加以改良，解決停留在天花板與高處蚊蟲的困擾，讓不方便成為方便。

步驟
9 與 **11**

5-6 如何讓繁瑣的流程變得簡單？

拍立得相機 影片
（資料來源：科技大觀園）

❖ 藉由「拍立得相機誕生的故事」，運用「簡化、刪除」的改變元素，尋找你要的創新靈感

　　發明人是企業家藍地，有一次全家旅遊時，他的小孩子吵著要馬上看到剛拍完的相片。藍地向孩子解釋，這些相片要送到照相館處理後才能看的到。在數位相機還未問世前，使用傳統的相機拍完照，必需要拿出裡面的軟片，送到照相館處理，經過顯影、浸濕、沖洗、乾燥等，這些繁瑣的步驟才能印出。

　　藍地在想，有沒有可能把一些步驟刪除，剩下的步驟讓相機自己完成。

　　首先，藍地發明一種新軟片相片紙，這種相片紙含有兩個裝有顯影化學劑的袋子。接著發明使用這種軟片相片紙的相機，這種相機在攝取影像時，裡面的滾輪會壓碎袋子，擠出袋子裡的顯影劑會與軟片產生反應，將影像印在相紙上。經過一番努力，發明出馬上可以欣賞到相片的拍立得相機。

　　我們運用「靈感實現流程圖」的步驟，推測當時藍地的大腦裡的這四種角色，是如何實現創新的點子？

透過觀察，提出一個好問題

扮演角色：偵探

發揮功能：觀察

工作內容：觀察某件讓你產生困擾、疑惑的事。

↓

藍地的小孩子吵著要馬上看到剛拍完的相片，有沒有可能辦到呢？

步驟 **1**

扮演角色：偵探

發揮功能：搜尋

工作內容：搜尋在市面上，是否已經有某項專利、技術、商品或方法，可以解決你的困擾？

↓

搜尋有什麼技術或方法，可以解決這個困擾？

步驟 **2**

扮演角色：裁判

發揮功能：判斷

工作內容：沒有，在數位相機還未問世前，使用傳統的相機拍完照，必需要拿出裡面的軟片，送到照相館處理，經過顯影、浸濕、沖洗、乾燥等，這些繁瑣的步驟才能印出。

步驟 **3**

合理的推理，找出使用者想要的需求感受

扮演角色：偵探

發揮功能：推理、情感

工作內容：從這件困擾中，找出需求的感受。

　　藍地在推理，小孩想要可以馬上看到剛拍完的相片，需求感受是「等待」的相反：「即時感」。

步驟 4

扮演角色：偵探

發揮功能：分析

工作內容：分析困擾的內容。

　　藍地分析傳統的照片，需要送到照相館處理，經過顯影、浸濕、沖洗、乾燥等，這些繁瑣的步驟才能印出照片。

步驟 5

問自己：「如果這樣……會怎樣呢？」

→尋找適合的素材與顏料

扮演角色：抽象畫大師

發揮功能：回憶、想像

工作內容：有哪些適合的素材（物件元素）與顏
　　　　　料（改變元素），可以解決困擾。

🖼 素材（物件元素）

「原本本體」的「流程」：傳統的軟片需要經過
　　　　　顯影、浸濕、沖洗、乾燥等繁瑣
　　　　　的步驟。

🎨 顏料（改變元素）

「簡化元素」、「刪除元素」：藍地在想像，如
　　　　　果在沖印相片時，有沒有可能簡
　　　　　化流程，將一些步驟刪除，剩下
　　　　　的步驟讓相機自己來完成。

步驟 6

創造畫面，將「想像過程」畫出來

扮演角色：抽象畫大師

發揮功能：創造、畫面

工作內容：如果素材與顏料做某種組合……會怎
　　　　　樣呢？

💭 想像過程

　　想像如果發明一種新軟片相片紙，這種相片
紙含有兩個裝有顯影化學劑的袋子。接著發明使
用這種軟片相片紙的相機，這種相機在攝取影像
時，裡面的滾輪會壓碎袋子，擠出袋子裡的顯影
劑會與軟片產生反應。這樣子，有沒有可能將影
像即時印在相片紙上呢？

步驟 7

扮演角色：神鬼戰士

發揮功能：執行

工作內容：用熱情、行動、勇氣與堅持，實現腦
　　　　　海中的創新點子。

　　藍地用行動、堅持的力量，造福了拍完照片
的人可以馬上看到相片，讓繁瑣的流程變得簡單。

步驟
9 與 **11**

5-7 如何讓某項新原料產生新的應用？

❖ 藉由「便利貼誕生的故事」，運用「結合」的改變
　元素，尋找你要的創新靈感

　　發明人是科學家希爾佛與佛萊，科學家希爾佛原本想要發明
一種超黏的膠水，很不巧地正好相反，他做出來的卻是超不黏的
膠水，幾乎黏不住其他東西，希爾佛不知道這種膠水是要應用在
哪裡，只好把這種膠水往倉庫裡放。

　　四年後的某個星期日，另一個科學家佛萊，在教堂唱詩歌做
禮拜時。佛萊會將唱詩歌的重點寫在便條紙上，並用迴紋針夾住
便條紙放在詩歌本裡，但是，便條紙時常會掉下來，影響到他唱
詩歌的情緒。

　　佛萊想到希爾佛發明的超不黏膠水，於是將它噴在便條紙
上當作書籤，經改良後，使黏貼在紙上的書籤，撕下來後不留痕

跡。並且運用免費試用的行銷方式，人們找到了便利貼不同的用途，創造出空前的熱賣。

我們運用「靈感實現流程圖」的步驟，推測當時佛萊的大腦裡的這四種角色，是如何實現創新的點子？

透過觀察，提出一個好問題

扮演角色：偵探

發揮功能：觀察

工作內容：觀察某件讓你產生困擾、疑惑的事。

⬇

佛萊會將唱詩歌的重點寫在便條紙上，並用迴紋針夾住便條紙放在詩歌本裡，但是，便條紙時常會掉下來，影響到他唱詩歌的情緒。

步驟 *1*

扮演角色：偵探

發揮功能：搜尋

工作內容：搜尋在市面上，是否已經有某項專利、技術、商品或方法，可以解決你的困擾？

⬇

搜尋有什麼方法，可以解決困擾。

步驟 *2*

扮演角色：裁判
發揮功能：判斷
工作內容：沒有，如果是將便條紙沾上一般的膠
　　　　　水黏在詩歌本裡，便條紙要撕下來
　　　　　時，會損毀詩歌本。

步驟 3

合理的推理，找出使用者想要的需求感受
扮演角色：偵探
發揮功能：推理、情感
工作內容：從這件困擾中，找出需求的感受。

　　佛萊在推理，用迴紋針夾住便條紙放在詩歌
本裡，便條紙還是會掉下來，自己想要的需求感
受是「便利感」。

步驟 4

扮演角色：偵探
發揮功能：分析
工作內容：分析困擾的內容。

　　佛萊分析便條紙很輕薄，用迴紋針夾住便條
紙放在詩歌本裡容易掉下。如果是將便條紙沾上
一般的膠水黏在詩歌本裡，便條紙要撕下來時，
又會損毀詩歌本。有什麼辦法可以讓便條紙方便
貼在詩歌本上，撕下來時又不留痕跡。

步驟 5

問自己：「如果這樣……會怎樣呢？」

→尋找適合的素材與顏料

扮演角色：抽象畫大師

發揮功能：回憶、想像

工作內容：有哪些適合的素材（物件元素）與顏料（改變元素），可以解決困擾。

🖼 素材（物件元素）

「原本本體」：便條紙。

「其他本體」的「特色」：超不黏膠水的特色。

🎨 顏料（改變元素）

「結合元素」：佛萊想到希爾佛研發的超不黏的膠水，如果便條紙結合超不黏的膠水呢？

步驟 6

創造畫面，將「想像過程」畫出來

扮演角色：抽象畫大師

發揮功能：創造、畫面

工作內容：如果素材與顏料做某種組合…會怎樣呢？

💭 想像過程

　　想像如果便條紙結合超不黏膠水的特色，可以方便地貼在想要貼的地方，撕下來時又不留痕跡，是不是很方便呢？

步驟 7

扮演角色：神鬼戰士

發揮功能：執行

工作內容：用熱情、行動、勇氣與堅持，實現腦
　　　　　海中的創新點子。

⬇

　　佛萊用熱情、行動的力量，改良希爾佛發明
的超不黏膠水，創造出方便地便利貼，讓某項新
原料產生新的應用。

步驟
9 與 **11**

5-8 如何從不方便中創造出新的餐點？

❖ 藉由「三明治誕生的故事」，運用
　「重組」的改變元素，尋找你要的
　創新靈感。

三明治的由來 影
片（資料來源：
食tory）

　　三明治是在麵包中間放置肉、乾酪或蔬菜
等食物，加上調味料、醬汁任意搭配在一起的小吃，其中的麵包
經常被輕微地塗上沙拉醬、奶油、花生醬、調味的油或其他調味
料烘烤以改善味道和口感。三明治食用攜帶方便，所以常被當成
是工作午餐，或郊遊、遠足、旅行時的食品。

　　發明人是英國貴族約翰‧孟塔古，第四代三明治伯爵夫人，
三明治伯爵極度喜歡玩橋牌，常常玩得廢寢忘食，伯爵夫人為了
方便丈夫在玩橋牌時容易取食，特地發明出三明治這種食物。伯

爵的朋友品嚐過後大聲叫好，不過三明治伯爵倒是有點困擾，由於這種食物沒有名字，所以伯爵的朋友們將其命名為三明治，三明治也迅速流行於英國社交界，不過據說，三明治伯爵因此而惹了十分多的麻煩，他顯然不太喜歡以自己的封號作食物名稱。

　　我們運用「靈感實現流程圖」的步驟，推測當時三明治伯爵夫人的大腦裡的這四種角色，是如何實現創新的點子？

透過觀察，提出一個好問題
扮演角色：偵探
發揮功能：觀察
工作內容：觀察某件讓你產生困擾、疑惑的事。
　　　　　↓
三明治伯爵極度喜歡玩橋牌，常常玩得廢寢忘食。

步驟 1

扮演角色：偵探
發揮功能：搜尋
工作內容：搜尋在市面上，是否已經有某項專
　　　　　利、技術、商品或方法，可以解決你
　　　　　的困擾？
　　　　　↓
搜尋有什麼技術或方法，可以解決這個困擾？

步驟 2

扮演角色：裁判

發揮功能：判斷

工作內容：當時是有麵包，但是只吃麵包營養成
　　　　　分不足。

步驟 **3**

合理的推理，找出使用者想要的需求感受

扮演角色：偵探

發揮功能：推理、情感

工作內容：從這件困擾中，找出需求的感受。

　　三明治伯爵夫人在推理，有沒有一種可以不要
打斷伯爵玩橋牌的方法，可以一邊吃一邊玩，又要
吃的營養，需求感受是「便利感」、「健康感」。

步驟 **4**

扮演角色：偵探

發揮功能：分析

工作內容：分析困擾的內容。

　　分析只有吃麵包營養不夠，想要吃一些肉、
乾酪、蔬菜，還要用到一些餐具，並且會將手用
的油膩膩的。

步驟 **5**

問自己：「如果這樣……會怎樣呢？」

→尋找適合的素材與顏料

扮演角色：抽象畫大師

發揮功能：回憶、想像

工作內容：有哪些適合的素材（物件元素）與顏
料（改變元素），可以解決困擾。

🖼 素材（物件元素）

「原本本體」：麵包。

「其他本體」：肉、乾酪、蔬菜、調味料、醬
汁等。

🎨 顏料（改變元素）

「重組元素」：將麵包與肉、乾酪、蔬菜、調味
料、醬汁等一些食材重新組合。

步驟 6

創造畫面，將「想像過程」畫出來

扮演角色：抽象畫大師

發揮功能：創造、畫面

工作內容：如果素材（內容）與顏料（改變）做
某種組合……會怎樣呢？

💭 想像過程

想像如果在麵包中間放置肉、乾酪或蔬菜等
食物，將一些食材重新組合，再加上調味料、醬
汁任意搭配在一起吃，會怎樣呢？

步驟 7

扮演角色：神鬼戰士

發揮功能：執行

工作內容：用熱情、行動、勇氣與堅持，實現腦
　　　　　海中的創新點子。

↓

　　三明治伯爵夫人用熱情、行動的力量，方便
丈夫在玩橋牌時容易取食，特地發明出三明治這
種食物，從不方便中創造出新的餐點。

步驟
9 與 **11**

5-9 如何從生活中創造有趣的產品？

會跑的鬧鐘 蘋果
日報（資料來
源：蘋果新聞
網）

❖ 藉由「會跑的鬧鐘誕生的故事」，運用
　「增加、結合」的改變元素，尋找你要
　的創新靈感

　　發明人是作者本人陳建銘，我之前會有賴床的習慣，很多鬧
鐘會有貪睡功能，就是按下這個功能，可以多睡十分鐘後鬧鐘再
響起，我常常在設定的時間響起後，又按了貪睡按鈕兩、三次才
會起床，有時候在想，乾脆把起床的時間往後移半小時，何必把
自己搞得這麼累。

　　我記得有一個夜晚，做了一個奇怪的夢，夢到鬧鐘響了卻跑
給我追，我驚醒了！心裡想就是這個「靈感」，我趕緊寫在床頭
旁的筆記本上，我筆記內容是這樣寫：當設定起床的時間一到，

鬧鐘就會在地上亂滾亂跑,我們必需要起床追它,在追的過程
中,我們就會自然地清醒。

我們運用「靈感實現流程圖」的步驟,推測當時陳建銘的大
腦裡的這四種角色,是如何實現創新的點子?

透過觀察,提出一個好問題。
扮演角色:偵探
發揮功能:觀察
工作內容:觀察某件讓你產生困擾、疑惑的事。

⬇

　　陳建銘因之前會有賴床的習慣,常常在設定
的時間響起後,又按了貪睡按鈕兩三次才會起床。

步驟 1

扮演角色:偵探
發揮功能:搜尋
工作內容:搜尋在市面上,是否已經有某項專
　　　　　利、技術、商品或方法,可以解決你
　　　　　的困擾?

⬇

搜尋有什麼技術或方法,可以解決這個困擾?

步驟 2

扮演角色：裁判

發揮功能：判斷

工作內容：沒有，另一種方法是將鬧鐘放在較遠處，但是，我還是會習慣性地，將鬧鐘鈴聲關閉後再繼續睡。

步驟 3

合理的推理，找出使用者想要的需求感受。

扮演角色：偵探

發揮功能：推理、情感

工作內容：從這件困擾中，找出需求的感受。

陳建銘在推理，自己想要的是不會賴床，而且在起床的過程中是快樂，不要心情鬱卒，想要的需求感受是「趣味感」、「可愛療癒感」。

步驟 4

扮演角色：偵探

發揮功能：分析

工作內容：分析困擾的內容。

分析困擾的內容，很多鬧鐘會有貪睡功能，就是按下這個功能，可以多睡十分鐘後鬧鐘再響起，或是將鬧鐘放在較遠處，但是，這些方法對我而言效果不佳。

步驟 5

問自己：「如果這樣……會怎樣呢？」

→尋找適合的素材與顏料

扮演角色：抽象畫大師

發揮功能：回憶、想像

工作內容：有哪些適合的素材（物件元素）與顏料（改變元素），可以解決困擾。

🖼 素材（物件元素）

「原本本體」：一般鬧鐘的機芯。

「其他本體」的「功能」：可以由訊號控制馬達的電路板、會亂跑的組件，例如：萬象軸輪。

🎨 顏料（改變元素）

「增加元素」：增加可以由訊號控制馬達的電路板。

「結合元素」：結合會亂跑的組件。

步驟 6

創造畫面，將「想像過程」畫出來

扮演角色：抽象畫大師

發揮功能：創造、畫面

工作內容：如果素材與顏料做某種組合……會怎樣呢？

☁ 想像過程

想像如果當設定起床的時間一到，鬧鐘就會在地上亂滾亂跑，我們必需要起床追它，在追的過程中，我們就會自然地清醒，是否也可以達到趣味的效果。

當時鬧鐘依照不同的跑法製做了三款不同的造型，有可樂罐造型、聖誕老人造型與圓球造型。

步驟 7

扮演角色：神鬼戰士

發揮功能：執行

工作內容：用熱情、行動、勇氣與堅持，實現腦
海中的創新點子。

↓

陳建銘用行動、堅持的力量，讓自己不會賴床，起床的過程變得有趣，從生活中創造有趣的產品。

步驟
9 與 **11**

5-10 如何從錯誤中創造商機？

修正液的由來 影片（資料來源：生活大發現）

❖ 藉由「修正液誕生的故事」，運用
「覆蓋」的改變元素，尋找你要的
創新靈感

　　修正液，又稱塗改液、立可白，是一種白色不透明顏料，塗抹在紙上以遮蓋錯字，乾涸後可於其上重新書寫。

　　發明人是銀行的秘書葛拉涵，她自認是一個很差勁的打字員，用打字機時經常打錯字，使得整份文件亂七八糟。

　　她無意間找到補救的方法，自己調了一瓶白色顏料，用一支小刷子把錯字塗上顏料，解決了文件骯髒的困擾，發明了立可白，也因此建立了自己的事業王國。立可白在電腦的文字處理器軟體被發明之前，讓打字或寫作的工作變得更加方便。

　　我們運用「靈感實現流程圖」的步驟，推測當時葛拉涵的大腦裡的這四種角色，是如何實現創新的點子？

透過觀察，提出一個好問題

扮演角色：偵探

發揮功能：觀察

工作內容：觀察某件讓你產生困擾、疑惑的事。

⬇

　　葛拉涵是銀行的秘書，因工作的關係，用打字機時經常打錯字，使得整份文件亂七八糟，這件事令她很困擾。

步驟 1

扮演角色：偵探

發揮功能：搜尋

工作內容：搜尋在市面上，是否已經有某項專利、技術、商品或方法，可以解決你的困擾？

⬇

搜尋有什麼技術或方法，可以解決這個困擾？

步驟 2

扮演角色：裁判

發揮功能：判斷

工作內容：沒有，當不小心打錯字時，有些人會
用美工刀在紙上錯字的四周劃上四
道，用刀尖輕輕將錯字挑起，讓原本
印上錯字的地方變成空白一片。

步驟 3

合理的推理，找出使用者想要的需求感受

扮演角色：偵探

發揮功能：推理、情感

工作內容：從這件困擾中，找出需求的感受。

葛拉涵在推理，打錯字的地方不要太明顯，
讓整份文件塗改後，看起來還是乾乾淨淨，她想
要的需求感受是「清潔感」。

步驟 4

扮演角色：偵探

發揮功能：分析

工作內容：分析困擾的內容。

分析困擾的內容，打字的文件紙大都是白
色，我可以用什麼方法讓文件恢復成原本的顏色。

步驟 5

問自己：「如果這樣……會怎樣呢？」

→尋找適合的素材與顏料

扮演角色：抽象畫大師

發揮功能：回憶、想像

工作內容：尋找有哪些適合的素材（物件元素）
與顏料（改變元素），可以解決這個
困擾。

🎨 素材（物件元素）

「部分本體」的「文字」：文件的錯字（打錯了
原本部分的字）。

「其他本體」的「顏色」：一瓶白色顏料、一支
小刷子（與原本的打字機沒有關
聯）。

🎨 顏料（改變元素）

「覆蓋元素」：將打錯的字用白色顏料覆蓋上去。

步驟 6

創造畫面，將「想像過程」畫出來

扮演角色：抽象畫大師

發揮功能：創造、畫面

工作內容：如果素材與顏料做某種組合……會怎
樣呢？

🔘 想像過程

想像如果調了一瓶白色顏料，用一支小刷子
把錯字塗上顏料，覆蓋上去，整份文件會變得乾
淨嗎？

步驟 7

另外值得一提的是，1979年葛拉涵用接近五千萬美元的代價把公司賣給吉利公司，同時，葛拉涵也可以從吉利公司所賣的每一瓶立可白中抽取權利金，直到西元2000年為止。

扮演角色：神鬼戰士

發揮功能：執行

工作內容：用熱情、行動、勇氣與堅持，實現腦
　　　　　海中的創新點子。

⬇

　　葛拉涵用行動、勇氣的力量，讓打錯字的地方塗改後，看起來還是乾乾淨淨，從錯誤中創造商機。

步驟
9與**11**

5-11 如何創造出餐廳新的服務模式？

❖ 藉由「麥當勞誕生的故事」，運用「交換」的改變元素，尋找你要的創新靈感

麥當勞的由來 影片（資料來源：YOZ）

　　麥當勞是源自美國南加州的跨國連鎖快餐店，也是全球最大的快餐連鎖店，擁有約3萬2千間分店，是全球餐飲業中知名度最高的品牌。

　　1940年，創辦人麥當勞兄弟，在美國加州聖貝納迪諾開設了第一家麥當勞餐館。當時，汽車剛進入美國家庭。人們在駕車外

出時，喜歡在路邊的餐館買方便食品，不用下車就可以在自己的車裡自在的用餐。而兄弟倆了解顧客的需求，一是快速，二是廉價。於是決定把經營的重點放在漢堡包上。他們覺得，他們的主要餐點有漢堡、薯條和可樂，都是一些輕便的食物。客人們與其坐在座位等著服務員來送餐，還不如在櫃台前面排隊，選擇自己喜愛的餐點，付款取餐後再找位子坐下來慢慢享用。這樣的服務模式在當時是一大創舉，並將它取名為「快速餐飲服務系統」。之後，也首創多項創新服務，現今許多特點就是由這對兄弟發明（如紙餐具、特殊人員編制、送玩具等）。

　　我們運用「靈感實現流程圖」的步驟，推測當時麥當勞兄弟的大腦裡的這四種角色，是如何實現創新的點子？

透過觀察，提出一個好問題。

扮演角色：偵探

發揮功能：觀察

工作內容：觀察某件讓你產生困擾、疑惑的事。

　　當時，汽車剛進入美國家庭。人們在駕車外出時，喜歡在路邊的餐館買方便食品，不用下車就可以在自己的車裡自在的用餐。

步驟 1

扮演角色：偵探

發揮功能：搜尋

工作內容：搜尋在市面上，是否已經有某項專
　　　　　利、技術、商品或方法，可以解決你
　　　　　的困擾？

↓

搜尋有什麼技術或方法，可以解決這個困擾？

步驟 **2**

扮演角色：裁判

發揮功能：判斷

工作內容：雖然客人喜歡在自己的車裡自在的用
　　　　　餐，但是，當時1940年的服務模式，
　　　　　客人需要坐在座位上，等待服務生過
　　　　　來點餐、送餐，速度太慢了！

步驟 **3**

合理的推理，找出使用者想要的需求感受

扮演角色：偵探

發揮功能：推理、情感

工作內容：從這件困擾中，找出需求的感受。

↓

　　麥當勞兄弟在推理，改變服務模式，創造出
新的需求感受。客人想要的需求感受是：「自主
感」、「即時感」。

步驟 **4**

扮演角色：偵探
發揮功能：分析
工作內容：分析困擾的內容

⬇

　　他們分析自己的餐館主要餐點有漢堡、薯條和可樂，都是一些輕便的食物，適合客人自行取餐。客人們坐在座位等著服務員來點餐、送餐，速度太慢了。

步驟 5

問自己：「如果這樣…會怎樣呢？」
→尋找適合的素材與顏料
扮演角色：抽象畫大師
發揮功能：回憶、想像
工作內容：有哪些適合的素材（物件元素）與顏料（改變元素），可以解決困擾。

🎨 素材（物件元素）
「原本本體」的「動作」：客人們坐在座位等著服務員來送餐。
「其他本體」的「動作」：客人們在櫃台前面排隊，選擇自己喜愛的餐點，付款取餐後再找位子坐下來慢慢享用。

🎨 顏料（改變元素）
「交換元素」：替客人點餐、送餐、收拾桌面等服務，原本是員工的工作，這些工作內容換成是客人自己動手作。

步驟 6

創造畫面，將「想像過程」畫出來
扮演角色：抽象畫大師
發揮功能：創造、畫面
工作內容：如果素材與顏料做某種組合……會怎
樣呢？

想像過程

　　想像客人在櫃台前面排隊，選擇自己喜愛的
餐點，付款取餐後再找位子坐下來慢慢享用。用
餐完後，再將自己的桌面清理乾淨。

步驟 **7**

　　另外值得一提的是，隨著麥當勞全球展店有成，麥當勞叔叔
不但是美式速食文化的象徵圖騰之一，甚至有研究指出麥當勞叔叔
的形象知名度位列全球第二（僅次於耶誕老人）。

扮演角色：神鬼戰士
發揮功能：執行
工作內容：用熱情、行動、勇氣與堅持，實現腦
海中的創新點子。

　　麥當勞兄弟用熱情、勇氣的力量，讓客人在
櫃台前面排隊，選擇自己喜愛的餐點，付款取餐
後再找位子坐下來慢慢享用，創造出餐廳新的服
務模式。

步驟
9 與 **11**

5-12 如何從以往的習慣中創造商機？

好神拖拖把 影片
（資料來源：民
視消費高手）

❖ 藉由「好神拖拖把組合的故事」，運用
「借用」的改變元素，尋找你要的創新
靈感

　　發明人是餐廳老闆丁明哲，當時他的餐廳必須天天拖地，傳統的拖把，每遇到柱子就會卡住，櫃子與沙發底下更因拖把的厚度而伸不進去。以往的習慣，需要再將櫃子與沙發搬來搬去，才能清理到櫃子與沙發底下。手還必須碰到骯髒的拖把布，才能將拖把布擰乾。

　　於是他設計出扁平圓形拖把，圓拖把遇到轉角可自動轉彎，扁平造型可讓拖把伸入櫃子與沙發底下，不需要再將櫃子與沙發搬來搬去。這套靠腳踩踏板產生動力，將拖把布高速脫水的拖把水桶組合，讓單手單腳即可輕鬆使用，手不用再碰到骯髒的拖把布，就能將拖把布擰乾。好神拖拖把組合，也因此改變了我們打掃的使用習慣。

　　我們運用「靈感實現流程圖」的步驟，推測當時丁明哲的大腦裡的這四種角色，是如何實現創新的點子？

透過觀察，提出一個好問題

扮演角色：偵探

發揮功能：觀察

工作內容：觀察某件讓你產生困擾、疑惑的事。

⬇

　　丁明哲以往的習慣，需要再將櫃子與沙發搬來搬去，才能清理到櫃子與沙發底下。手還必須碰到骯髒的拖把布，才能將拖把布擰乾。

步驟 1

扮演角色：偵探

發揮功能：搜尋

工作內容：搜尋在市面上，是否已經有某項專利、技術、商品或方法，可以解決你的困擾？

⬇

搜尋有什麼技術或方法，可以解決這個困擾？

步驟 2

扮演角色：裁判

發揮功能：判斷

工作內容：目前沒有，頂多是手拉擠水式的膠棉拖把，但是，會有下次要使用時，膠棉變得乾硬，以至於不好使用的問題。

步驟 3

合理的推理，找出使用者想要的需求感受

扮演角色：偵探

發揮功能：推理、情感

工作內容：從這件困擾中，找出需求的感受。

⬇

　　丁明哲在推理，人們想要的是可以讓拖把輕鬆伸入櫃子與沙發底下，不需要再將櫃子與沙發搬來搬去。並且手不用再碰到骯髒的拖把布，就能將拖把布擰乾，需求感受是一種「輕鬆舒適感」、「清潔感」。

步驟 **4**

扮演角色：偵探

發揮功能：分析

工作內容：分析困擾的內容。

⬇

　　分析傳統的拖把較厚，櫃子與沙發底下因此而伸不進去，所以拖把的造型需要改變。另一個問題，可以運用什麼原理，手不用碰到骯髒的拖把布，就能將拖把布擰乾。

步驟 **5**

問自己：「如果這樣……會怎樣呢？」

→尋找適合的素材與顏料

扮演角色：抽象畫大師

發揮功能：回憶、想像

工作內容：有哪些適合的素材（物件元素）與顏料（改變元素），可以解決困擾。

　素材（物件元素）

「原本本體」：需要用手才能將拖把布擰乾。

「其他本體」的「原理」：脫水機運轉的原理。

　顏料（改變元素）

「借用元素」：借用脫水機運轉的原理，改變拖把形狀，分離拖把布上面的水。

步驟 6

創造畫面，將「想像過程」畫出來

扮演角色：抽象畫大師

發揮功能：創造、畫面

工作內容：如果素材與顏料做某種組合……會怎樣呢？

　想像過程

　　丁明哲想像扁平圓形拖把，圓拖把遇到轉角可自動轉彎，扁平造型可讓拖把伸入櫃子底下。這套靠腳踩踏板產生動力，將拖把布高速脫水的拖把水桶組合，讓單手單腳即可輕鬆使用，手不用再碰到骯髒的拖把布，就能將拖把布擰乾。

　　好神拖拖把組合，改變了我們打掃的使用習慣。

步驟 7

扮演角色：神鬼戰士

發揮功能：執行

工作內容：用熱情、行動、勇氣與堅持，實現腦
海中的創新點子。

⬇

　　丁明哲用行動、堅持的力量，讓手不用再碰
到骯髒的拖把布，就能將拖把布擰乾。好神拖拖
把組合，也因此改變了我們打掃的使用習慣，從
以往的習慣中創造商機。

步驟
9 與 **11**

5-13 如何從文件資訊中創造出新產品？

❖ 藉由「影印機誕生的故事」，運用
「借用」的改變元素，尋找你要的
創新靈感

影印機原理 影片
（資料來源：科
技大觀園）

　　發明人是專利分析師卡爾森，因工作的關
係，他每天都要花很多時間寫字與重畫客戶的
原稿原圖，更不幸的是，他有深度近視。

　　當時複製文件的方法除了手工描繪之外，另一種方法就是先
給原稿拍照，再到暗房裡用化學藥劑沖洗底片，最後還要曬印相
片，這種複製文件的方法，除了過程複雜外，還很花時間。

　　他研究攝影和複製的方法，如何將原稿文件複製在其他的紙
上。有一天，他找到了一份由匈牙利某位科學家所記述的文章，

其中一段「帶電粒子會附著在帶有電荷極性，與該粒子相反的紙類表面上」的說法，引起卡爾森探索的興趣。卡爾森在住家的廚房裡使用玻璃板、金屬板以及各種化學藥劑，做靜電與複印的實驗，經過一番努力，發明了影印機。

後來，有一家公司原願意在卡爾森的發明上共同合作，這家公司就是全球知名的影印機製造商全錄公司。

我們運用「靈感實現流程圖」的步驟，推測當時卡爾森的大腦裡的這四種角色，是如何實現創新的點子？

透過觀察，提出一個好問題

扮演角色：偵探

發揮功能：觀察

工作內容：觀察某件讓你產生困擾、疑惑的事。

⬇

　　卡爾森是專利分析師，因工作的關係，他每天都要花很多時間寫字與重畫客戶的原稿原圖，更不幸的是，他有深度近視，這件事令他很困擾。

步驟 1

扮演角色：偵探

發揮功能：搜尋

工作內容：搜尋在市面上，是否已經有某項專利、技術、商品或方法，可以解決你的困擾？

⬇

搜尋有什麼技術或方法，可以解決這個困擾？

步驟 2

扮演角色：裁判

發揮功能：判斷

工作內容：沒有，當時複製文件的方法除了手工
描繪之外，另一種方法就是先給原稿
拍照，再到暗房裡用化學藥劑沖洗底
片，最後還要曬印相片，這種複製文
件的方法，除了過程複雜外，還很花
時間。

步驟 3

合理的推理，找出使用者想要的需求感受

扮演角色：偵探

發揮功能：推理、情感

工作內容：從這件困擾中，找出需求的感受。

⬇

　　卡爾森在推理，他不想要花很多時間寫字
與重畫客戶的原稿原圖，想要的需求感受是一種
「簡單感」、「即時感」。

步驟 4

扮演角色：偵探

發揮功能：分析

工作內容：分析困擾的內容。

⬇

　　分析複製的方法可以從攝影技巧著手，有一
天，他找到了一份由匈牙利某位科學家所記述的
文章，其中一段「帶電粒子會附著在帶有電荷極
性，與該粒子相反的紙類表面上」的說法，引起
卡爾森探索的興趣。

步驟 5

問自己：「如果這樣……會怎樣呢？」

→尋找適合的素材與顏料

扮演角色：抽象畫大師

發揮功能：回憶、想像

工作內容：有哪些適合的素材（物件元素）與顏
料（改變元素），可以解決困擾。

🖼 素材（物件元素）

「原本本體」的「動作」：要花很多時間寫字，
與重畫客戶的原稿原圖的問題
（原本的工作模式）。

「其他本體」的「理論」：匈牙利科學家所記述
的文章，電荷極性的特色（非原
本本身的理論）。

🎨 顏料（改變元素）

「借用元素」：借用匈牙利科學家所記述的文
章，電荷極性的特色，來解決克
服要花很多時間寫字，與重畫客
戶的原稿原圖的問題。

步驟 6

創造畫面，將「想像過程」畫出來

扮演角色：抽象畫大師

發揮功能：創造、畫面

工作內容：如果素材與顏料做某種組合……會怎
樣呢？

　想像過程

　　想像可以借用匈牙利科學家所記述的文章，
電荷極性的特色，在住家的廚房裡使用玻璃板、
金屬板以及各種化學藥劑，做靜電與複印的實
驗，經過一番努力，發明了影印機。

步驟 **7**

扮演角色：神鬼戰士

發揮功能：執行

工作內容：用熱情、行動、勇氣與堅持，實現腦
海中的創新點子。

　↓

　　卡爾森用勇氣、堅持的力量，借用匈牙利
某位科學家所記述的文章，研究攝影和複製的方
法，將原稿文件複製在其他的紙上，從文件資訊
中創造出新產品。

步驟
9 與 **11**

5-14 如何讓原本的遊戲內容變得更加豐富？

❖ 藉由「填字遊戲誕生的故事」，運用
「刪除、增加」的改變元素，尋找你
要的創新靈感

填字遊戲 影片
（資料來源：世
界10大）

　　世界上第一款填字遊戲誕生於1913年，發明
人是報社的編輯韋恩。有一回，報紙馬上要印了，發現還有一個
角落開天窗。無計可施的韋恩，想起了一種叫作「魔術方格」的
遊戲，它是一款橫縱交錯的字謎遊戲。韋恩於是趕緊拿起筆來在
紙上塗鴉，橫縱交錯的寫下一些字，並擦掉某些字母，再增加提
示，讓讀者去猜原本是什麼字。韋恩讓遊戲的內容變得更加豐
富，很受讀者喜愛，於是填字遊戲成了報紙的重要內容。

　　在玩填字遊戲時，玩家根據題目所提供的有關信息，將答案
填入這些行與列之中，每個方格中只能填入一個字。一般地說，
題目給出的每一條信息就是對應的一行或一列的解題線索。

　　我們運用「靈感實現流程圖」的步驟，推測當時韋恩的大腦
裡的這四種角色，是如何實現創新的點子？

透過觀察，提出一個好問題
扮演角色：偵探
發揮功能：觀察
工作內容：觀察某件讓你產生困擾、疑惑的事。
⬇
報紙馬上要印了，發現還有一個角落開天窗。

步驟 **1**

扮演角色：偵探
發揮功能：搜尋
工作內容：搜尋在市面上，是否已經有某項專
　　　　　利、技術、商品或方法，可以解決你
　　　　　的困擾？

↓

搜尋有什麼技術或方法，可以解決這個困擾？

步驟 2

扮演角色：裁判
發揮功能：判斷
工作內容：有一款叫作「魔術方格」的紙上遊
　　　　　戲，它是一款橫縱交錯的字謎遊戲。
　　　　　但是娛樂版的新聞報紙，需要放入一
　　　　　些新鮮有趣的事物，才能吸引更多讀
　　　　　者閱讀。

步驟 3

合理的推理，找出使用者想要的需求感受
扮演角色：偵探
發揮功能：推理、情感
工作內容：從這件困擾中，找出需求的感受。

　韋恩在推理，娛樂版的新聞報紙要放什麼內
容，才會吸引到更多的讀者閱讀，讀者想要的需
求感受是「好奇感」、「趣味感」。

步驟 4

扮演角色：偵探

發揮功能：分析

工作內容：分析困擾的內容。

⬇

　　之前有看過一款文字交錯的「魔術方格」紙上遊戲，恰好可以符合報紙的這一個空間，但是還不足以引起讀者的「好奇感」、「趣味感」。

步驟 5

問自己：「如果這樣……會怎樣呢？」

→尋找適合的素材與顏料

扮演角色：抽象畫大師

發揮功能：回憶、想像

工作內容：有哪些適合的素材（物件元素）與顏料（改變元素），可以解決困擾。

 素材（物件元素）

「原本本體」的「文字」：文字交錯的「魔術方格」紙上遊戲。

「部分本體」的「文字」：某些字母、一些提示。

　顏料（改變元素）

「刪除元素」、「增加元素」：將文字交錯的「魔術方格」紙上遊戲中刪除某些字母，再增加一些提示。

步驟 6

創造畫面，將「想像過程」畫出來

扮演角色：抽象畫大師

發揮功能：創造、畫面

工作內容：如果素材與顏料做某種組合……會怎
樣呢？

💭 想像過程

　　韋恩想像將文字交錯的「魔術方格」紙上遊
戲，刪除某些字母，再增加一些提示，讓讀者去
猜原本是什麼字，引發讀者的好奇心，提升購買
報紙的動機。

步驟 7

扮演角色：神鬼戰士

發揮功能：執行

工作內容：用熱情、行動、勇氣與堅持，實現腦
海中的創新點子。

　　韋恩用熱情、行動的力量，讓文字交錯的
「魔術方格」紙上遊戲中刪除某些字母，再增加
一些提示，讀者去猜原本是什麼字，讓原本的遊
戲內容變得更加豐富。

步驟 9 與 11

5-15 如何創造不同凡響的行銷？

賈伯斯Mac Book
發表會 影片（資
料來源：王凱）

❖ 藉由「賈伯斯行銷的故事」，運用
「取代」的改變元素，尋找你要的
創新靈感

賈伯斯在思考著，要如何讓觀眾感受到，公司新開發的
「Mac Book Air」這款筆電的超薄？

他在想，一般筆電廠商的產品發表會模式，都是將筆電放置
於展示架上，再加上投影片放在大螢幕上做產品發表，感覺很平
淡無奇。

賈伯斯問自己，如果自己也將這款筆電放置於展示架上，觀
眾想必感受不到「Mac Book Air」與其他廠牌的筆電，在厚度上
有什麼差異性。

賈伯斯後來想到了A4大小的信封袋，他在想，信封袋給人
的感覺就是很薄。如果我先將「Mac Book Air」放在信封袋裡，
在產品發表會時，再從信封袋裡緩慢地拿出「Mac Book Air」，
相信觀眾就可以馬上體驗到這台筆電的超薄了！

我們運用「靈感實現流程圖」的步驟，推測當時賈伯斯的大
腦裡的這四種角色，是如何實現創新的點子？

透過觀察，提出一個好問題

扮演角色：偵探

發揮功能：觀察

工作內容：觀察某件讓你產生困擾、疑惑的事。

⬇

　　賈伯斯在思考著，要如何讓觀眾感受到，公司新開發的「Mac Book Air」這款筆電的超薄？

步驟 **1**

扮演角色：偵探

發揮功能：搜尋

工作內容：搜尋在市面上，是否已經有某項專利、技術、商品或方法，可以解決你的困擾？

⬇

　　一般筆電廠商的產品發表會模式，將筆電放置於展示架上。

步驟 **2**

扮演角色：裁判

發揮功能：判斷

工作內容：一般筆電廠商的產品發表會模式，感覺很平淡無奇。

步驟 **3**

合理的推理，找出使用者想要的需求感受

扮演角色：偵探

發揮功能：推理、情感

工作內容：從這件困擾中，找出需求的感受。

↓

　　賈伯斯在推理，如果自己也將這款筆電放置於展示架上，觀眾想必感受不到「Mac Book Air」與其他廠牌的筆電，在厚度上有什麼差異性，產品發表會上也顯得很平淡。觀眾想要看到產品發表會是不同凡響，需求感受是要一種「驚奇感」。

步驟 4

扮演角色：偵探

發揮功能：分析

工作內容：分析困擾的內容。

↓

　　賈伯斯在分析，既然「Mac Book Air」是在強調超薄，我如果拿一樣超薄的東西包住這台筆電，並且觀眾都明白這東西很薄，大家看到筆電可以裝在這東西裏面，觀眾自然就能體驗到「Mac Book Air」的超薄。

步驟 5

問自己：「如果這樣……會怎樣呢？」

→尋找適合的素材與顏料

扮演角色：抽象畫大師

發揮功能：回憶、想像

工作內容：有哪些適合的素材（物件元素）與顏料（改變元素），可以解決困擾。

　素材（物件元素）

「原本本體」：筆電展示架。

「其他本體」：A4大小的信封袋。

　顏料（改變元素）

「取代」：將原本放置筆電的展示架，用薄薄的A4大小信封袋取代。

步驟 **6**

創造畫面，將「想像過程」畫出來

扮演角色：抽象畫大師

發揮功能：創造、畫面

工作內容：如果素材與顏料做某種組合……會怎樣呢？

　想像過程

　　想像自己拿著A4大小的信封袋給觀眾看，並從薄薄的信封袋裡，緩慢地拿出筆電。讓觀眾大吃一驚，展現「不同凡響」、「驚奇感」，原來筆電可以變得這麼薄！

步驟 **7**

扮演角色：神鬼戰士

發揮功能：執行

工作內容：用熱情、行動、勇氣與堅持，實現腦
　　　　　海中的創新點子。

↓

　　賈伯斯用熱情、行動的力量，創造不同凡響
的行銷，每次的產品發表會上，都會讓參觀者的
眼睛為之一亮，讓人難忘充滿驚奇的體驗。

步驟
9 與 11

5-16 如何讓深奧難懂的課程變得有趣？

❖ 藉由「魔術方塊誕生的故事」，運用
　「重組、交換」的改變元素，尋找你
　要的創新靈感

魔術方塊 世界
紀錄 影片（資
料來源：極創意
MAXIDEA）

　　發明人是建築系教授盧比克。當初發明魔
術方塊的動機，是要把它當做空間幾何的教材
使用，讓學生們可以看清楚這些小方塊的移動。魔術方塊是一個
非常奇特的結構，它是一個三階立方體，有六個面，每個面都有
一種顏色。由26個小方塊和一個三維十字連接軸組成。其中包含
6個處於面中心無法移動的方塊、12個邊塊和8個角塊。

　　盧比克教授在這些小方塊的表面上，塗上了不同的顏色，
這樣學生們就能一目了然每個方塊的轉動，可以瞭解到什麼是空

間幾何。後來誤打誤撞，魔術方塊成為一種益智玩具，它的遊戲規則是在打亂之後，用最快的時間復原到最初的位置，總共有4,300億種的變化。英文官方名字叫做Rubik's Cube，也就是用盧比克教授的名字命名，是目前最普遍和最原始的魔術方塊種類。

魔術方塊在1980年最為風靡，至今未衰。根據估計，魔術方塊自1977年上市之後在全世界已經售出了3億多個。可算是益智玩具史上最了不起的發明，沒有任何一項益智玩具的銷售量能夠超越它。

我們運用「靈感實現流程圖」的步驟，推測當時盧比克的大腦裡的這四種角色，是如何實現創新的點子？

透過觀察，提出一個好問題
扮演角色：偵探
發揮功能：觀察
工作內容：觀察某件讓你產生困擾、疑惑的事。
⬇
如何讓學生們可以了解什麼是空間幾何？

步驟 **1**

扮演角色：偵探
發揮功能：搜尋
工作內容：搜尋在市面上，是否已經有某項專利、技術、商品或方法，可以解決你的困擾？
⬇
搜尋有什麼技術或方法，可以解決這個困擾？

步驟 **2**

扮演角色：裁判

發揮功能：判斷

工作內容：有，但是這些都是深奧難懂的教科書。

↓

　　沒有一個教學工具，可以讓學生們了解到什麼是空間幾何。

步驟 **3**

合理的推理，找出使用者想要的需求感受。

扮演角色：偵探

發揮功能：推理、情感

工作內容：從這件困擾中，找出需求的感受。

↓

　　盧比克觀察，教科書大都是用一些深奧的方式敘述，學生們想要的是可以看到實物，並且是一段有趣的學習。學生們想要的需求感受是「務實感」、「趣味感」。

步驟 **4**

扮演角色：偵探

發揮功能：分析

工作內容：分析困擾的內容。

↓

　　盧比克分析是否可以做一個有趣，又可以讓學生們了解空間幾何的教學工具。

步驟 **5**

問自己：「如果這樣……會怎樣呢？」
→尋找適合的素材與顏料
扮演角色：抽象畫大師
發揮功能：回憶、想像
工作內容：有哪些適合的素材（物件元素）與顏
　　　　　料（改變元素），可以解決困擾。

🎨 素材（物件元素）
「其他本體」的「顏色」：六面顏色的小方塊
　　　　　　　　　　（非原本的空間幾何教科書）。

🎨 顏料（改變元素）
「交錯元素」：做一個三階六面的立方體，當其
　　　　　　　中一面顏色的小方塊移動時，其
　　　　　　　他三個面顏色的小方塊也會交錯
　　　　　　　跟著移動。

步驟 **6**

創造畫面，將「想像過程」畫出來
扮演角色：抽象畫大師
發揮功能：創造、畫面
工作內容：如果素材與顏料做某種組合……會怎
　　　　　樣呢？

☁ 想像過程
　　盧比克教授想像如果在這些小方塊的表面
上，塗上了不同的顏色，這樣學生們就能一目了
然每個方塊的轉動，可以瞭解到什麼是空間幾
何。它是一個三階立方體，有六個面，每個面都
有一種顏色。由26個小方塊和一個三維十字連接
軸組成。其中包含6個處於面中心無法移動的方
塊、12個邊塊和8個角塊。

步驟 **7**

扮演角色：神鬼戰士

發揮功能：執行

工作內容：用熱情、行動、勇氣與堅持，實現腦
海中的創新點子。

盧比克用熱情、行動的力量，方便讓學生們
了解到什麼是空間幾何，做一個由26個小方塊和
一個三維十字連接軸組成的三階立方體，這樣學
生們就能一目了然每個方塊的轉動，讓深奧難懂
的課程變得有趣。

**步驟
9與11**

創意解答試試看

如何請賈伯斯免費為我們的產品代言？

用親身經歷告訴你，要如何成為發明家與創新家？

6-1 關於天賦與夢想，先從了解自己開始

❖ 上天都會賦予我們屬於自己的天賦與使命

我是學校最後一名畢業，我可以做得到，相信很多人也可以。

經常聽到別人在講：「自己沒有天賦、沒有夢想，人生平平淡淡地過就好，夢想是虛幻不切實際，面對現實吧！」

每當聽到這樣的話，我的心裡總會浮出疑問，一個沒有夢想的人生，內心會不會覺得空虛渺茫呢？

天賦、創新與夢想，這三者有何關聯呢？我認為是先找到自己的天賦，再發揮創新的能力，才有機會達成心中的夢想。

<u>我相信！每個人來到這個世界，上天都會賦予我們屬於自己的天賦予使命。但是，天賦要從哪裡找起呢？我是從回顧自己小時候的經歷開始找起！</u>

如果我們想發揮天賦達成夢想，就必須認識自己，除去內心的恐懼。當天賦、創新與夢想結合再一起時，生命會有截然不同

的特殊意義。要找出自己的天賦，我們需要了解自己，了解自己喜歡做什麼、能做什麼，安靜地聆聽自己內心的聲音，直到找出答案。

談到天賦予夢想，有一個人一定要認識？這個人從小陪著我們一起長大，一起歡樂一起憂傷，這個人就是「心中的自己」。還記得小時候的夢想嗎？還記得想要成為什麼樣的人嗎？是什麼樣的原因，讓我們逐漸忘了它呢？每個人都有一段過往的經歷，造就了現在的自己，包含我也是。分享我自己的人生故事，是什麼樣的過往經歷？什麼樣的成長童年？讓我找出屬於自己的天賦，選擇了「創新與發明」這條路，而且一走就是七千多個日子！

❖ 回顧小時候

我的小時候家境不是很好，沒有什麼零用錢，時常會羨慕鄰居同伴們，有好多玩具可以玩和零食冰棒可以吃。記得在7歲時，很想要買些玩具和冰棒，身上卻連一個銅板也沒有。

於是靈機一動，雙手捧著大姑送給我們的一大箱漫畫，並帶著幾張小板凳，使勁地搬到附近的空地擺起地攤，做起流動租書店的小生意。想要看大本漫畫的客人需付給我2元，看小本漫畫的客人需付給我1元。結果，還真的有一些大哥哥、大姐姐們過來捧場，我再把賺來的錢買玩具和冰棒，實現自己當時小小的心願。這是自己第一次主動去外面掙錢，現在回想起來，還真是一段難忘的回憶。

創新物語

朝向夢想與創新這條路上，有時候需要使出孩子般的傻勁，不要想太多的去行動。甚至覺得，當我們懂得太多想得太多時，也有可能會變成我們朝向夢想與創新的阻礙。

❖ 國小的生活

國小時的我個性內向，不太會講話也不太敢表達，每當有老師要學生站起來朗讀課文時，心裡就開始緊張，希望不要點到我朗讀。老師在我的家庭聯絡簿評語上，幾乎都是寫我個性木訥、沉默寡言。

在國小這六年裡，我的成績大多數是維持在倒數第三名。記得有一天，得知倒數第二名的同學要移民到國外，內心是一陣感慨與哀戚，換成我要當倒數第二名了！

小時候的我體弱多病，體育成績也是墊底，在所有科系裡就只有美術還可以，當時喜歡畫畫，我的作品時常會放在學校的文化走廊供人欣賞。記得有一次，老師還幫我拿到國外參加比賽，這是我國小的生活唯一感到驕傲的事。

當時喜歡做白日夢的我，經常在上課時不專心聽講，望著窗外天空上的白雲胡思亂想著，想像這朵白雲像是棉花糖、飛機、汽車等，想像自己坐在雲上遨遊，想著想著……噹～噹～下課鐘聲響了！我才忽然驚醒。

創新物語

可能是小時候喜歡做白日夢，又喜歡獨立思考，有助於日後，在發明與創新這條路上必須用到的想像力。如果我們希望開發自己的創新能力，必須先要開發自己的想像力。想像力是沒有界線的，創新就是脫離固定的模式，進入無窮的想像當中，讓想像力去飛奔。

❖ 讓小孩從玩樂中學習成長

　　小時候的我就喜歡動動腦，會設計一些小遊戲與小實驗，這些時常是我放學後急忙趕回家做的事。小時候的我對於解題很有興趣，覺得是一項大腦運動的挑戰，對於長大後的影響，才會想要解開「創新的靈感」這個謎團。原來「創新」是有更好的模式可以依循，並且「靈感」是有方法可以讓它刻意產生。

創新物語

認識「心中的自己」，找到自己的價值，我們都可以成為最優秀的自己。

❖ 活出自我

　　花點時間與自己獨處，試圖了解自己，直到找到了自我，找到了屬於自己的天賦。當活出了自我，也就是活出了屬於自己該

有的命運。

每個人都有自己要走的路，這條路可能會影響你一輩子。有多少人，在人生的道路上走了好幾年，才發覺走錯路了！只有自己最清楚自己的路，你目前選對路了嗎？

❖ 一本書的啟發

記得快要退伍的前半年，勤務上比較輕鬆，有空時會看一下課外讀物，當時營區內放了一本嚴長壽先生所寫的《總裁獅子心》，我非常喜歡這本書，我翻閱了好幾遍，也因這本書讓我的視野有所不同。

嚴長壽先生只有高中學歷，卻能有這麼卓越的成就，對於一個五專讀了七年才畢業的我，給我很大的信心，直到現在嚴長壽先生都是我學習的好榜樣。

創新物語

有時候一本書就可能會改變一個人，如果當初沒有讀到嚴長壽先生所寫的《總裁獅子心》，我搞不好就會選擇一個平凡的人生，就不會走上發明與創新這條路。在此，我很感謝嚴長壽先生願意將自己的寶貴經驗分享出來。

❖ 回顧過往，找到屬於自己的路

退伍的前半年趁著空閒之餘，我開始在思考著退伍後要做什麼呢？我回顧自己，小時候曾經做過什麼？求學時會什麼？自己

的興趣是什麼？

　　我發覺自己喜歡動動腦、玩牌、做白日夢、做小實驗、畫畫、下象棋、設計一些紙上遊戲，也曾經破解某項紙上遊戲，做過行動租書店等，但是，這些事和我退伍後要做什麼有何關聯呢？經過一段時間的思索，覺得自己很適合一種職業，是一種創新發明與銷售的結合，我把這種職業稱作「創新發明家」，就是將自己創新發明的產品推展出去。

　　為什麼覺得自己適合往「創新發明家」這條路發展呢？自認為有具備這種創新發明家的特質：喜歡動動腦、善於觀察問題（從玩牌中學會察言觀色）；樂於解決問題（從破解某項紙上遊戲中，學會喜歡向困難挑戰）；豐富的想像力（從做白日夢與畫畫中，學會發揮想像力）；產品規劃分析能力（從象棋中學會推理與分析）；勇於嘗試面對挫折（從做實驗中學會要多嘗試、從設計一些遊戲中學會動手做）；將產品賣出去（從7歲時的行動租書店開始）。

　　仔細分析了這個職業還真的很適合我，「創新發明家」有機會邁向財務自由與帶動世界的進步。於是激起了我心中的熱情，在退伍前，我就欣然決定踏上創新發明這條路！

創新物語

寧願用一些時間，尋找自己的天賦予夢想，堅定人生的志業與目標，這是相當重要的事。不要等到在社會打拼幾年後，才發覺自己所做的事，與心中的夢想離的好遠好遠。

蘋果電腦公司的創辦人・賈伯斯曾說：「從事自己有興趣的事才會有熱忱，有熱忱才有機會成功。」

6-2 誰能告訴我，發明的第一步要從何開始？

　　發明家因看見腦中所創建的發明一步步走向成功時，內心所感受到的興奮，世間沒有其他事物可堪比擬。

　　交流電發電系統的發明人特斯拉（Nikola‧Tesla）

　　發明，是從無到有，是世界上獨一無二，在產品還未誕生前，你永遠不知道它賣的好不好。

❖ 發明的第一步要從何開始？

　　既然決定要走創新發明這條路，一開始我就遇到一個瓶頸，發明要從何開始呢？

　　學校沒有教，翻閱了一堆書也沒有寫到，發明到底要從何開始？

　　我幾乎看完了圖書館有關發明的書籍，幾乎是在寫發明家的故事，或是寫如何申請專利，就是沒有一本書在寫要如何發明，發明家是如何完成一項發明，依照這個步驟與方法就可以發明作品。也沒有提到如何讓靈感誕生，如何產生一個好點子。我只好從發明家的故事中，揣測發明家是如何思考，如何蹦出這個靈感。

　　發明的領域這麼廣，我要從哪個領域開始呢？是要從電機、土木、建築、醫療、化學、機械、電子，還是生活用品呢？當時我的想法很簡單，認為電子與生活用品的領域較為有趣，可以發明與改良的產品較多，就從這兩項開始吧！

創新物語

發明的第一步要從何開始？先找出自己有興趣的領域。

❖ 往自己有興趣的領域努力

電子，如之前我所說，我是明新工專全電子科最後一名。畢業時，連個三用電表都不會用，烙鐵也只拿過一次，更別說如何使用示波器了！

我退伍後的第一份工作是在基隆某家通訊行上班，負責維修電話與呼叫器（B.B.call），當時的月薪不高才26,000元，心裡在想，老闆肯錄用我就很謝天謝地了！

創新物語

如果不是自行創業，就到自己有興趣的領域上班。我認為剛踏入社會的新鮮人，從企業那裡可以學到什麼，會比可以拿到較高的薪水來的重要。

這家通訊行在基隆的維修人員就只有我一人，當時教我電子維修的人是一個小我五歲，在宜蘭分公司就讀夜間部的學生，我是天天撥打電話向他請教，而且問他一些很基礎的問題。他聽到我的問題與看到我的電子維修程度，時常懷疑我到底是不是專科畢業。他的懷疑是很合理，記得有一次，去外面修理總機電話

時，不小心接錯電源引起小火花，業主好奇的問我，怎麼有股燒焦味啊？我當時的表情是滿臉尷尬……

在那一家通訊行上了十個月的班，學到了一些基本電子維修。我想，這樣學太慢了，都是透過電話請教，偶而才到宜蘭分公司學個兩、三天。後來決定去較有規模的公司，我很幸運地被錄取到一間家用電話的龍頭企業上班，在那裡除了可以維修電話，還包含傳真機與答錄機，產品項目較多也較有趣。這間企業有正規的教法，我在那裏才稍微看得懂什麼是電路圖，在懵懵懂懂下勤做筆記，遇到不會時就問。我每發問一次，就被主管唸一次：「這個教你好幾遍了！」我就趕緊把問題與答案記下來，就這樣地抄了好幾本筆記，也被唸了幾百次。

創新物語

找到對的人學習，並且要勤做筆記很重要。

❖ 做了就對

知道自己比同儕晚了三年畢業（重考一年才考上五專，再加上五專多讀了兩年），唯有更加努力才有可能成功，養成隨時做筆記的習慣，從筆記中整理出更適合自己的學習方法。

在這間家用電話的龍頭企業上班一年半，覺得自己有一些電子維修的基礎，可以展現發明的身手。於是，我把工作辭掉，借用外婆家的空房間改成自己的工作室。剛踏入社會工作的這兩年多，腦袋裡累積了不少點子，心裡在想終於可以發揮了！這些點

子例如：雙頭電風扇、隨身咖啡噴劑、環保攜帶包等，也開始去研究專利。結果獨自在外婆家的工作室待了三個月，只把一些東西拆拆裝裝，連個樣品都做不出來，覺得自己的實力太弱，只好再回去職場進修。

創新物語

做了才知道自己哪裡不足，哪裡需要調整。

6-3 每件發明的背後，都有一段奇妙的故事

❖ 會跑的鬧鐘

　　每件發明的背後，都有一段奇妙的故事，我也不例外。「會跑的鬧鐘」這個發明的故事由來，是我之前會有賴床的習慣。很多鬧鐘會有貪睡功能，就是按下這個功能，可以多睡十分鐘後鬧鐘再響起。我常常在設定的時間響起後，又按了貪睡按鈕兩三次才會起來，有時在想，乾脆把要起床的時間往後移半小時，何必把自己搞得這麼累！

　　我記得有一個夜晚，做了一個奇怪的夢，夢到鬧鐘響了卻跑給我追，我驚醒了，就是這個「靈感」！我趕緊寫在床頭旁的筆記本上，我筆記內容是這樣寫：「當設定起床的時間一到，鬧鐘就會在地上亂滾亂跑，我們必需要起床追它，在追的過程中，我們就會自然地清醒。」

創新物語

「靈感」與「點子」不會時常出現在我們的眼前，當他們出現時要趕緊記錄下來，身上與床頭旁隨時準備好筆與筆記本迎接他們。

❖ 伸縮電蚊拍

「伸縮電蚊拍」這個發明的故事由來，我老家住在四樓，蚊子還是很多，尤其是夏天，時常在耳朵旁嗡嗡叫之後就往高處或天花板飛。我手上拿著一般的電蚊拍，腳踏著椅子還是不夠高，只能看它逍遙地停在上方，一般我的做法是用抹布往蚊子方向丟，再用眼睛緊盯著它，看看是否會往下飛。

我當時在想，如果我將電蚊拍的結構加以改良，桿子的部分改為伸縮桿，電網拍與桿子的接合處，增加折疊的功能，是否就可以解決天花板與高處蚊蟲的困擾。

創新物語

很多「靈感」與「點子」是從想要解決某個問題出發，所以，當有「問題」來時，我們反而要去感謝它，它可能會是一項新的發明、新的商機。

❖ 監視器主機防盜裝置

「監視器主機防盜裝置」這個發明的故事由來，是我有一陣子在做監視器的工程商。有一天，接到客戶的來電，電話的那頭急促地說：「老闆，我的店裡昨晚遭小偷，請過來協助一下。」

我回答：「沒問題，我過去幫您調閱監視器主機的影像。」對方回答：「但是，我的監視器主機也被偷了！」我沉默了一陣：「這樣恐怕無解了！」

事後我在想，現在的小偷越來越聰明，知道影像會儲存在監視器主機，會沿著攝影機的線路把主機偷走，就無法查出他的犯案證據。我要如何防止監視器主機被偷呢？監視器主機一定要接電源，小偷要將主機偷走，一定要拔電源或是將電源線剪斷。如果主機斷電後，主機內部會發出巨大的警報聲響，小偷就會落荒而逃。在當時的技術上，這算是很有效的方法，也因此在發明展時，獲得了金牌。

創新物語

因為有這個偷竊的事件發生，我才有這個「靈感」，因為有這個「靈感」，我才有這項發明。

另外還有一些小創新、小創意，如下的分享：

❖ 創新思考的練習工具

這是在2015年的創意產品，我把它取名為「創新的祕密」。當時我的心裡在想，如何設計一款遊戲，讓玩家從遊戲中，了解到原來創新它是有技巧可以產生。

這款遊戲的內容，有點像是這本書所談的「角色扮演法」，會用到一些創新的元素。

「創新的祕密」總共有52張卡片，內容包含如下：

（一）需求元素卡10張

包含20種市場主要的需求，創新要以需求感受出發。
例如：歡樂、方便、健康、安全……

（二）物件元素卡2張

創新是由既有的產品或是銷售模式演化而產生，這裡的物件是指組成元件與細部分解。

（三）創造力元素卡10張

創造力是創新過程中的關鍵，包含16種創造力元素，就是書中所講的改變元素。

例如：放大、縮小、簡化、重組……

（三）緣由卡15張、創新卡15張

有15個成功創新的故事（放在緣由卡），及他們是如何創新思考（放在創新卡）。

例如：黃色小鴨、賈伯斯的行銷方式、迴轉壽司……

❖ 拼字賓果ABC遊戲

當時我的心裡在想，如何設計一款遊戲，可以讓家中這兩個讀幼稚園的寶貝們，開始會對於英文字母產生興趣，並且訓練他們的邏輯思考能力。

遊戲目的：訓練小朋友的英文拼字，與邏輯思考能力。

適合年齡：5～8歲小孩的親子互動遊戲。

玩法概述：

玩家依序擲骰子，擲到多少點，就依照箭頭方向與數字走多少格，由1.蘋果依序走到29.斑馬。玩家在拼字賓果ABC〈圖一〉走到哪一格，就在拼字賓果ABC〈圖二〉裡面，將那一格的英文字母，用白板筆將它們圈起來。輪到某位玩家玩時，恰好將五格連成一直線，此玩家就可以獲得一分。當其中一名玩家走到29.斑馬，遊戲就結束，比賽誰獲得最多分。

創新物語

我們要先在腦海中想像新的畫面，才有可能創造出新的東西。

❖ 鳥博士《教育桌遊》

　　當時有位朋友和我說，是否可以設計一款桌遊來協助偏鄉的學生，讓他們可以多認識當地的生態，甚至以後可以在當地從事生態導遊的工作。

　　協助偏鄉的學生，這是一件很有意義的事。但是，如何認識當地的生態，這個議題範圍太廣了！我想應該要先鎖定某個領域來構思，後來我選擇了鳥類的知識。我再想，全世界現存的鳥類就有九千多種，我要讓玩家認識到什麼樣的鳥？還有鳥的什麼呢？

　　後來，我想要設計一款遊戲，可以讓玩家從遊戲中，了解到鳥的特徵與喜愛的食物，包含台灣的特有鳥。例如：你知道什麼鳥最聰明嗎？你知道什麼鳥飛的最快嗎？

　　於是，創造出鳥博士《教育桌遊》，從玩樂中學習～認識鳥類、記憶力、推理力與判斷力的訓練。

　　從上面的創新發明過程中，就如同第五章所談的「靈感實現流程圖」，創新是有步驟的，第一步就是扮演偵探的角色，透過觀察提出一個好問題。觀察某件讓你產生困擾、疑惑的事。

創新物語

運用「靈感實現流程圖」，可以讓我們加速產生創新的靈感。

6-4 踏出第一步，否則永遠是一場夢

❖ 總有一天，我會……

有許多人的夢想，都擱淺在一個叫做「總有一天，我會……」的小島上，最後這些夢想，陪著這些人一起走進墳墓，結束一生。

自從我退伍的第一天1999年8月14日起，就開始走上發明這一條路，曾經歷的職場工作都是為了要完成發明這個夢想。我的職場工作哲學是做中學、認真學、不求高職位高薪水，在工作的環境中達到三贏——公司贏、客戶贏、個人贏。

如先前所談到，我是全校電子科的最後一名，讀了七年好不容易才畢業，經由創新思考與努力，還是可以當上某公司的技術客服部主管。我是個不善言詞的人，經由創新思考與努力，還是可以當上某公司的業務主管。這些只是在證明，只要創新與努力的結合，都有機會達到自己的目標。

❖ 踏出第一步

　　從事發明的第八年，我想自己是否也去參加發明展。但是，我的手頭上只有專利證書，一件樣品都未完成，尚且完成這些樣品的費用要花多少錢，都還是一個未知數。後來決定不要想那麼多，既然是自己的夢想，做就對了！先報名再說，自己當時設定的參展目標，是完成三項專利的樣品，並且在展覽館裡找到買家，讓這些專利授權或是賣出。

　　我是當年6月多鼓起勇氣報名發明展，9月底就要參展。一回要忙著趕緊把三項專利的樣品製作完成，一回要又要忙著布置展覽的事情，時間都快不夠我用，這三個多月來平均每天只睡4個鐘頭。

❖ 第一次參加發明展

　　2007年是我第一次參加發明展，在此之前也常常去看發明展，時常向那些發明人請教如何發明？他們也很樂意和我分享他們的靈感是如何產生。

　　我總共參加過三次發明展，記得第一次參加台北國際發明展時，我展出的作品是「會跑的鬧鐘」、「伸縮電蚊拍」和「監視器主機防盜裝置」，我的攤位不大只有租一個小空間。但是，在一千多個攤位中是最熱鬧的一個，很感謝母親、弟弟、弟妹還有一推朋友、同學到場幫忙與支持。這些鼓勵與支持，對我而言是一份難忘的禮物。

　　在此，感謝媒體的報導，很多人都是看到媒體，特定前來我這個攤位洽談合作或是參觀。還記得有一位做日本貿易的老先生，他是從新聞上看到我的發明後，詢問電視台我的聯絡電話，

主動與我聯繫。參展的首日一大早，他是第一位跑來找我洽談合作的對象，那位老先生主動與熱忱的精神，到現在我還是印象深刻。

人生，是很美好，也是很殘酷。有多少人因為害怕受傷，連夢想都不敢去追。在電影《洛基6：勇者無懼》裡面，男主角對兒子說話：「這世界不是每天晴天或是有彩虹，這世界是個殘酷無情的地方。無論妳有多強，它會把你打倒在地上，永遠不讓你站起來。沒有人會比生活更殘酷，重點不是你有多強，而是你能挨多強的打擊，繼續地往前進，勝利就是這樣造成的。」

創新物語

如果我們還在談論夢想，還在談論目標，但卻什麼都沒有做，那就先踏出第一步。把「擔心」的意念，轉換為一定要成功。行動，是克服心中恐懼的良藥。

6-5 幸運之神的降臨

愛迪生的名言：天才就是一分的「靈感」，加上九十九分的「努力」。

❖ 作夢的感覺

人生第一次有作夢的感覺發生在2007年9月18日，我永遠忘不了那一天，那天剛好遇到輕度颱風，天氣風雨交加。早上到某

水果日報拍攝發明的作品，下午借用某人力銀行的辦公室拍攝新聞，晚上再到台北101的高檔餐廳，參加弟弟的慶生。

事情是這樣，在發明展的前幾天，突然收到兩家媒體的通知約時間要來採訪我。這是我人生第一次受採訪，沒想到居然一天還安排兩個採訪，讓我受寵若驚。弟弟的慶生晚餐結束後，自己一個人獨自開車回家的路上，車外下著大雨，車內卻也下著小雨（我當時的淚水忍不住流了下來）。彷彿聽見內心的吶喊聲，努力了八年的成果，加上這三個多月來，每天都只睡四個小時，終於有人欣賞，終於被人看見。第一次嘗到什麼是作夢的感覺，什麼叫做喜極而泣。在車上，我還往自己的臉上呼了兩個巴掌，再次確認不是在作夢。

回到家後，打開電視的新聞台，沒有想到是用重點新聞來報導我，與美國前總統小布希，還有台灣之光王建民同時報導。每隔半小時重播一次，頭一次看到自己在電視上還有點彆扭。

隔天，沒有想到某水果日報也是大篇幅報導我的發明。也因此，陸續接到一些同學的來電，打來好奇地問我，新聞上這個人真的是我嗎？你不是讀書的時候，電子相關的東西都不會嗎？你哪時候開始搞發明啊？他們對我產生一堆疑惑。我一時也不知道如何回答他們，我就笑笑地說：「人總是會改變嘛！」

這個好運持續了兩年，我在2007年台北國際發明展與2008年瑞士日內瓦發明展，幸運地都是獲得最多媒體青睞的發明家。同一年，獲選為全國優秀社會青年。

創新物語

機會是給準備好的人，我們的夢想必須用生命去追求，會很艱辛甚至讓人快喘不過氣。堅持到最後，幸運之神會來到我們的面前。人生就只有一回，有夢想就去追求。有人說，人生不就是為了實現心中的夢想而來。

6-6 失敗，是我的老師

❖ 如何面對失敗

愛迪生曾說：「我沒有失敗，我只是發現了一萬個行不通的方式。」

當我們失敗時是如何面對它？失敗，在創新與發明的過程中就像是家常便飯，時常會經歷到。

大導演・史蒂芬史匹柏曾經三度被影視學院拒絕，天后・碧昂絲曾經被音樂評論家說她不會唱歌，名主持人・歐普拉曾經被電視公司開除，說她不適合在電視圈，但是，這些人都沒有放棄。失敗的次數與成功的機會是成正比，成功往往是最後一分鐘來訪的客人。

從小到大，失敗常常伴隨著我成長，面對失敗，我是這樣告訴自己：「就算現在遇到難關，也不要放棄夢想，艱難的日子將會成為過往。」

LinkedIn創辦人里德・霍夫曼：「老實說，如果你完全不想

失敗，那你通常也完全不會成功。」

經由這些大小的失敗，讓我有所成長，讓我體驗到人生的酸甜苦辣。失敗就像是小寶寶在學習走路，每次的跌倒，讓他未來的道路走的更穩、更扎實。失敗，也是每個人必經的人生過程，差別在於次數的多與少、程度的大與小而已。有智慧的人也是會失敗，不同的是，他們每次跌倒時會想辦法從中獲取經驗。有智慧的人在失敗時，會懂得自我檢討，避免在同一個地點跌倒兩次，會去看整件事情，為什麼這樣，從中有什麼收穫，學到了什麼。

❖ 失敗與夢想的關聯

失敗與夢想有什麼關聯？有人很愛抱怨卻不嘗試改變現狀，多數人都不想為自己的夢想努力，為什麼？原因就是害怕失敗，不相信自己，不相信自己可以成功。

愛迪生也曾說過：「人生中有很多的失敗，發生於人們在放棄時，不瞭解自己有多麼接近成功。」

在奮鬥的過程中，有些人會好意的與你分享他的經驗，有可能是你的師長，有可能是你的父母，也有可能是你最好的朋友。他們會和你說，什麼事情不要做了，因為他嘗試過沒有成功，要你不要浪費時間與金錢在這上面。因為他做不到，認為你也做不到。問題是，他不是你啊！你們的成長環境、過往經歷、時空背景、思維模式，不可能完全相同，他是他，你是你，你可以謝謝他給你的建議與分享。**我們要清楚自己要的是什麼，要成為什麼樣的人，做什麼事讓我們最有熱情。**

在奮鬥的過程中，還有一些人會好意的告訴你，放棄吧！他

會告訴你，你已經盡力了！放棄吧！你不是從事這項工作的料，放棄吧！這條路上成功的人沒有幾個，放棄吧！最殘忍的一句話，面對現實，放棄你的夢想吧！

> ## 創新物語
>
> 不要讓他人的經驗成為自己人生的一部分，不要抱著受害者的心態度日子。就算遇上了艱難的事，也要知道我們做得到，就算別人不相信，也要對自己有信心。告訴自己，這是我所相信的，至死不渝，不論未來有多險惡，我都辦得到。

❖ 什麼是失敗

　　<u>什麼是失敗，當你停止嘗試，放棄一件對的事你卻沒去做時，放棄藏在你的心中多年的夢想時，這才是失敗。</u>我相信只要是對的事，堅持下去，最後一定會成功，成功是留給堅持到最後一秒的人。

　　特斯拉汽車執行長‧馬斯克：「如果有件事夠重要，或者如果你相信有件事夠重要，那麼即使你很害怕，你還是會繼續走下去。」

　　在奮鬥的過程中，我們需要勇氣，什麼是勇氣，當你害怕時，你卻沒去做，這不是勇氣；當你不害怕時，你卻去做，這也不是勇氣；當你害怕時，你卻去做，這才是勇氣。勇氣，帶領著我們去一條未知的路，充滿危機的一條路。我們知道一定要通過這條路，它會是一條可以改變命運的路，對我們而言是非常有意

義，會讓人生變得更加精采。

現在回想起來，印證了一句話「想像中的恐懼，大於現實世界的障礙。」如果當時沒有去闖自己的創新發明夢，沒有實際地走過，今天就沒有機會分享，如何發明？如何創新思考？

創新物語

失敗與成功在人生的歷練中是一樣重要，生前沒有經歷困難的人，他的人生不算是完整。

6-7 堅持，勇敢地做自己

Jawbone共同創辦人‧阿賽利：「我明白如果自己不堅持，這件事絕對會由別人做出來，到時候我會懊悔一輩子。」

❖ 20年的創新發明路

是什麼動力，讓我在創新發明這條路上走了20年？這些年來，太多人勸我放棄這條發明路，他們或許出自於內心的關懷，覺得看到我這樣太辛苦了！而且還有兩個小孩子要養育，希望我能面對現實。

我相信，大部分勸我放棄創新發明這條路的人是出於善意。我自己的內心很清楚，「創新與發明」就是我的專長、我的潛能。我不能放棄自己最拿手的事，我不能放棄自己的夢想，人來到世上這一遭，不就是為了夢想而來的嗎？

很多人都知道創新很重要，但是不知道要從何開始，過程是要如何做才是一個好的創新，如何找到一個創新的靈感。在此，我要感謝上天的安排，十多年前的發明展，讓我獲得許多媒體的青睞，卻沒有品嚐到實際的甜頭。如果當年我的發明事業順遂，我想搞不好我會變的驕傲、懶惰，甚至是沒有想要解開「創新靈感的奧秘」這個動力。

❖ 堅持的方法

我是用什麼方法堅持走這條路，一走就是二十年？我用的方法是自我激勵，藉由一些激勵人心的影片與書籍激勵自己，它們可以說是我每天的養分，帶給我一直往前的力量。

我的書房裡貼的照片是美國好萊塢的武打巨星席威斯史特龍，不是他長得特別帥或是特別壯，而是他的奮鬥故事，為了夢想堅持到底的精神。以下是我從網站上剪輯下來關於席威斯史特龍的故事，也將這些內容印下來放在我的書房。

席威斯史特龍他的奮鬥故事，他被拒絕1855次後才成功，我們試過幾次呢？

他先分析自身優勢，確定人生目標：

他一步一步思索規劃自己的人生，從政？進大公司？經商？……不！沒有一個適合他的工作，他便想到了當演員，不要資本、不需名聲，雖說當演員也要有條件和天賦，但他就是認准了當演員這條路！

開始行動：

於是，史特龍剛來到好萊塢時，他一次次地找明星、求導演、找製片，尋找一切可能使他成為演員的人，四處哀求：「給

我一次機會吧！我一定能夠成功！」可是他得到的是一次次的拒絕。

自我反省，找出原因：

「我真的不是當演員的料嗎？不行，我一定要成功！」史特龍暗自垂淚，失聲痛哭。「既然直接當不了演員，我能否改變一下方式呢？」一場拳擊比賽讓史特龍有了新的方向，名不見經傳的小拳手居然能與拳王阿里苦鬥了15個回合，這給了史特龍靈感，僅僅3天的時間，劇本《洛基》就這樣被寫了出來。

解決困難：

之後，他又拿著自己寫的劇本四處遍訪導演，那個時候，他急需用錢，不得不狠心將心愛的寵物狗賣掉。他說：「我來到一家便利商店，手上舉著一張寫著『售狗』的紙張。我把我心愛的狗賣了！」

最後，史特龍朝著自己的夢想成功了！

還有另一部讓我很感動的勵志影片《當幸福來敲門》，男主角在籃球場上對他兒子說：「永遠不要讓別人告訴你不行，包括我在內，好嗎？你有夢想，你得好好保護它。別人自己辦不到，會告訴你，你也辦不到。你想要任何東西，就去努力爭取，就這樣！」

創新物語

在朝著自己夢想的路上，難免有些閒言閒語，讓別人說吧！只有自己最清楚自己要的是什麼，堅持，勇敢地做自己吧！

6-8 我們需要教育創新與企業創新

❖ 教育創新，從何做起？

還記得創新思考藏寶圖的第一站「知識河流」嗎？

「從小到大，我們看了很多書，背了很多文章，滿腦子都是知識。可惜的是，如果不將知識活用出來，知識將會慢慢地死去。」

如何活用所學的知識？有一個技巧，就是主動地去重新思考「問題」與「答案」之間的關係。

❖ 創新思考這一門課

教育需要有創新思考這一門課，培育出具有專業創新想法的人才，讓學生了解創新對於企業的影響性，如何運用在各個產業，如何用在產品設計的創新、業務行銷的創新、生產流程的創新及各領域的創新。

學校大部分的課程，都是教導學生要如何地運用左腦，做一些邏輯、分析、判斷的事，讓每位學生都成為使用左腦的高手。但是，發揮想像力、洞察力與創造力是在我們的右腦，創新的技巧是在於要如何活用左右腦。

傳統的教育是左腦訓練：老師提出問題，學生回答答案，老師要的是學生的標準答案，也因此學生的答案，常受限於老師的傳授。例如：老師問2+4等於多少？學生回答6。

創新思考教育是左右腦訓練：老師引導學生重新思考問題，

學生從新問題中創造出新的答案。例如：引導學生重新思考問題，什麼符合6？學生可能回答：7-1、3X2、18/3、把9倒過來等。

創新物語

如何重新思考「問題」與「答案」之間的關係？從「舊的答案」中找出「新問題」，再從該「新問題」中創造出「新的答案」。

❖ 企業創新，先從教育做起

傳統的教育是教導學生，如何在該領域上技能的發展，卻少了該領域上要如何的創新。

企業員工若不了解創新在我們的大腦是如何運作，卻又要求員工創新，做一件學校與工作環境從未教的事，這是何其困難。

企業創新，先從教育做起，先讓學生懂得創新如何與工作連結，創新需要的「心態」與「技巧」是一樣的重要。

創新需要的「心態」放在第二章：創新思考之奇幻旅行。

創新需要的「技巧」放在第三、四章：創新秘笈《角色扮演法》、從故事中說明與尋找「物件元素」、「改變元素」與「想像過程」。

創新靈感的「步驟」放在第五章：靈感實現流程圖。

❖ 企業創新，我們需要新職位

還記得創新思考藏寶圖的第二站「打開心中的限制盒」嗎？

為何我們不願意打開心中的限制盒？是因為我們內心的深處

藏了一句話：「不相信！」

不相信自己與團隊有創意，認為創造力是聰明絕頂的天才所擁有。認為產生受歡迎的好點子，是與生俱來的特質，無法後天養成。

為何我們不願意打開心中的限制盒？另一個原因，是因為我們內心的深處藏了另外一句話：「害怕失敗！」

❖ 創新思考專員與創新顧問

很多的企業，他們的創新點子與想法，是來自創辦人在公司成立初期時所提出，有的是因為一個好的點子而成立公司。

但是，由於時間的變遷，這些人的首要任務變成是公司的營運與管理，他們時常有許多會要開，有許多決策要做，非常地忙碌。

他們需要強而有力的邏輯力、分析力、判斷力來執行工作，需要盡可能用到百分百的左腦。

相對地，想像力、洞察力與創造力是放在我們的右腦，這些管理者幾乎是沒有時間用到右腦，企業之後也就少有了創新。

企業需要一些新的職務來做創新這件事，創新思考專員，他們是要負責該部門的創新任務，藉由創新的專長提升業績效率，在《角色扮演法》中，他們是要扮演偵探與抽象畫大師這兩種角色，發揮觀察力與想像力，再將創新企劃提案交給法官這個角色。而扮演法官這個角色是由該部門的主管來擔任，判斷創新思考專員的企劃提案是否可以執行。

另一個職務，創新顧問或是創新執行長。主要是創新思考專員的主管，負責各部門的創新企劃提案，將這些提案做一個彙

整。哪些是可以跨部門合作，那些提案適用於其他部門，那些有急迫性，哪些適合用於未來。更重要的事，他們是要引發創新思考專員如何想出更好的點子、更好的創新企劃提案。

創新，需要教育與企業互相的搭配，才能真正地落實創新。

6-9 愛，是世界上最偉大的力量

比爾蓋茲曾說：「讓自己遠離貧窮是一種責任，幫助別人擁有智慧脫離貧窮更是大愛。」我也自詡這本書可以實現這個愛的目標。

關於愛與夢想，我覺得這段話寫的很好：「實現你的夢想，你可以讓你的父母驕傲，讓你的師長驕傲，你可以感動千萬人的生命，世界會因為你而有所不同，因為你選擇一條愛的路。」

很多事情讓我們的生活更加豐富，很多力量讓我們的生命更加精采。這些力量包含了愛、勇氣、信心、堅持、包容、付出、感恩、創意、快樂、熱情等。

很多力量並非來自他人，這些力量是我們與生俱來，一直放在我們的心中。

人是一種奇妙的動物，是影響與被影響、感召與被感召的動物。

我們擁有的力量是會互相感染，當你與較有創意的人在一起時，你也會較有創意。當你與較快樂的人在一起時，你也會較快樂。當你與較有愛的人在一起時，你也會較有愛。

愛，是世界上最偉大的力量，心中有了愛的力量，會讓我們去創造其他力量，包含了勇氣、信心、堅持、包容、付出、感

恩、創意、快樂、熱情等。

　　心中有了愛，讓我們有勇氣去作夢，放在內心很久很久的夢。

　　人生，最重要的是痛快。做你想做的夢，去你想去的地方，成為你想成為的人。

　　在此感謝，這二十年來曾經幫助過我的人，包含我最愛的父母、我的家人、我的朋友還有自己，因為你們讓我的人生更豐盛，因為你們讓我勇於做自己。

　　最後，感謝您閱讀完這本書，希望這本書能對您的創新上會有實際的幫助。

您有創意解答以下問題嗎？

Q1. 假如您是車廠老闆，研發新車種後，卻發現無廣告預算，您要如何銷售並達到目標的130%呢？

Q2. 如何善用社會問題，提升商品價值？

Q3. 如果開發出一個沒有物性的新產品，該怎麼辦？

Q4. 如何取代賈伯斯的行銷？

Q5. 如何請賈伯斯免費為我們的產品代言？

臭皮匠集思會～歡迎您報名～

FB搜尋：創新先生

創新先生的交流信箱：chen.arron1@gmail.com

啟思路14　PI0052

 靈感製造機：
如何找到創新的點子？

作　　者	陳建銘
責任編輯	鄭夏華
圖文排版	莊皓云
封面設計	楊廣榕

出版策劃	釀出版
製作發行	秀威資訊科技股份有限公司
	114 台北市內湖區瑞光路76巷65號1樓
	電話：+886-2-2796-3638　傳真：+886-2-2796-1377
	服務信箱：service@showwe.com.tw
	http://www.showwe.com.tw
郵政劃撥	19563868　戶名：秀威資訊科技股份有限公司
展售門市	國家書店【松江門市】
	104 台北市中山區松江路209號1樓
	電話：+886-2-2518-0207　傳真：+886-2-2518-0778
網路訂購	秀威網路書店：https://store.showwe.tw
	國家網路書店：https://www.govbooks.com.tw
法律顧問	毛國樑　律師
總 經 銷	聯合發行股份有限公司
	231新北市新店區寶橋路235巷6弄6號4F
	電話：+886-2-2917-8022　傳真：+886-2-2915-6275

出版日期	2019年5月　BOD一版
定　　價	370元

版權所有・翻印必究（本書如有缺頁、破損或裝訂錯誤，請寄回更換）
Copyright © 2019 by Showwe Information Co., Ltd.
All Rights Reserved

Printed in Taiwan

國家圖書館出版品預行編目

靈感製造機：如何找到創新的點子？/ 陳建銘著.
-- 一版. -- 臺北市：釀出版, 2019.05
　　面；　公分. -- (啟思路；14)
BOD版
ISBN 978-986-445-324-5(平裝)

1. 企業管理　2. 創意

494.1　　　　　　　　　　　　108005055

讀者回函卡

感謝您購買本書，為提升服務品質，請填妥以下資料，將讀者回函卡直接寄回或傳真本公司，收到您的寶貴意見後，我們會收藏記錄及檢討，謝謝！如您需要了解本公司最新出版書目、購書優惠或企劃活動，歡迎您上網查詢或下載相關資料：http:// www.showwe.com.tw

您購買的書名：＿＿＿＿＿＿＿＿＿＿＿＿＿＿＿＿＿＿＿＿＿＿＿

出生日期：＿＿＿＿＿年＿＿＿＿＿月＿＿＿＿＿日

學歷：□高中 (含) 以下　　□大專　　□研究所 (含) 以上

職業：□製造業　□金融業　□資訊業　□軍警　□傳播業　□自由業
　　　□服務業　□公務員　□教職　　□學生　□家管　　□其它＿＿＿

購書地點：□網路書店　□實體書店　□書展　□郵購　□贈閱　□其他

您從何得知本書的消息？

　□網路書店　□實體書店　□網路搜尋　□電子報　□書訊　□雜誌

　□傳播媒體　□親友推薦　□網站推薦　□部落格　□其他＿＿＿＿＿

您對本書的評價：(請填代號　1.非常滿意　2.滿意　3.尚可　4.再改進)

　封面設計＿＿＿　版面編排＿＿＿　內容＿＿＿　文／譯筆＿＿＿　價格＿＿＿

讀完書後您覺得：

　□很有收穫　□有收穫　□收穫不多　□沒收穫

對我們的建議：＿＿＿＿＿＿＿＿＿＿＿＿＿＿＿＿＿＿＿＿＿＿＿

＿＿＿＿＿＿＿＿＿＿＿＿＿＿＿＿＿＿＿＿＿＿＿＿＿＿＿＿＿＿＿

＿＿＿＿＿＿＿＿＿＿＿＿＿＿＿＿＿＿＿＿＿＿＿＿＿＿＿＿＿＿＿

＿＿＿＿＿＿＿＿＿＿＿＿＿＿＿＿＿＿＿＿＿＿＿＿＿＿＿＿＿＿＿

請貼
郵票

11466
台北市內湖區瑞光路 76 巷 65 號 1 樓

秀威資訊科技股份有限公司　　　收

BOD 數位出版事業部

....

（請沿線對折寄回，謝謝！）

姓　　名：＿＿＿＿＿＿＿＿＿　年齡：＿＿＿＿　性別：□女　□男

郵遞區號：□□□□□

地　　址：＿＿＿＿＿＿＿＿＿＿＿＿＿＿＿＿＿＿＿＿＿

聯絡電話：(日) ＿＿＿＿＿＿＿＿＿　(夜) ＿＿＿＿＿＿＿＿＿

E-mail：＿＿＿＿＿＿＿＿＿＿＿＿＿＿＿＿＿＿＿＿